普通高等教育“十三五”规划教材

食品工艺学实验技术

第二版

赵征 胡爱军 王稳航 主编

化学工业出版社
·北京·

本书选择具有理论意义的食品产品与配料工艺以及部分新技术作为实验的内容，其中包括了编者近年来科学研究与技术开发的成果。编者在每个实验的“参考文献”中附有相关的技术标准、学术论文、参考书和食品科技视频。本书以食品技术原理国家精品资源共享课程为平台播放食品科技视频，帮助读者顺畅观看，开展拓展性和探究性学习。

本书可以作为本科食品科学与工程专业和食品质量与安全专业的教材，生物工程和生物技术等含有食品科学内容专业的教材，也可以供食品研究与开发人员参考。

图书在版编目（CIP）数据

食品工艺学实验技术/赵征，胡爱军，王稳航主编.
2版.—北京：化学工业出版社，2017.3（2022.11重印）
普通高等教育“十三五”规划教材
ISBN 978-7-122-28925-4

Ⅰ.①食…　Ⅱ.①赵…　②胡…　③王…　Ⅲ.①食品工艺学-实验-高等学校-教材　Ⅳ.①TS201.1-33

中国版本图书馆CIP数据核字（2017）第013883号

责任编辑：魏　巍　赵玉清
责任校对：王　静　　　装帧设计：关　飞

出版发行：化学工业出版社（北京市东城区青年湖南街13号　邮政编码100011）
印　　装：三河市延风印装有限公司
787mm×1092mm　1/16　印张11　字数266千字　2022年11月北京第2版第6次印刷

购书咨询：010-64518888　　　售后服务：010-64518899
网　　址：http：//www.cip.com.cn
凡购买本书，如有缺损质量问题，本社销售中心负责调换。

定　　价：29.00元

再版前言

《食品工艺学实验技术》（第一版）出版之后，天津科技大学食品科学与工程教学团队，自 2012 年开展了食品技术原理资源共享课程的建设，于 2016 年 6 月被评为国家级精品资源共享课程。在课程建设过程中积累的食品科学理论知识与工程实践技能，为本书的再版开拓了实验教学思路，丰富了工艺实验内容。随着时间不断推移，我国食品科学技术日新月异，原有的食品工艺实验曾限于较窄的专业口径和较少的课内学时，多开设典型的实验项目，与学生的创新教育联系不足，与科学研究和技术开发联系不够密切。为此，《食品工艺学实验技术》的再版着重服务于食品专业课程建设，培养创新性人才的需求，融入了“十二五”以来食品领域实验室建设的成果，持续扩大食品工艺学实验覆盖面，拓展本书的应用和服务的范围，充分发挥食品工艺学实验培养实践能力和创新意识的作用。

本书编者注重理论联系实践，选择并编撰了具有理论意义的代表性产品工艺、食品产品的制造和配料的加工，尤其是选择了大量适宜在食品工艺实验室和食品中试车间开展的实验项目，体现了科研向教学的转移和反哺。

编者为了帮助学生和读者建立形象思维，扩展食品科学与技术的视野，采取课堂与网络相结合的方式，充分利用网络资源，把每一个实验打造成为自主学习的“学习包”，力图扩大学习效果。本书强化纸质版书籍与电子信息的结合，编者在参考文献中提供了可以检索的学术论文和电子参考书、专利、标准等公开出版物，读者可以通过网络阅读。编者在参考文献中，以“爱课程/食品技术原理/章节序号/信息性质/视频名称”的形式链接了较多的食品科技视频，读者在食品技术原理的平台上注册后即可顺畅观看，进而解决了第一版存在的读者难以使用编码链接的地址观看视频的问题。编者在编撰的过程中，拍摄了物性仪器、无线罐头杀菌测温仪、实验超高温和无菌包装和酸奶菌种制备等视频，欢迎读者到同一课程平台观看。

天津农学院和天津商业大学的教师参加了第一版的编写。本书再版由于与食品技术原理课程接口变化以及时间紧迫等原因，没有邀请前述两校教师。在此，编者对于他们在第一版做出的贡献表示衷心感谢并期待着今后的合作。天津科技大学食品科学与工程教学团队的教师参加了本书的编写，录制、收集并整理了本书选用视频。作者姓名均署于相关篇目的结尾，在此恕不述及。本书参考了国内外同行和学者的科研成果与学术著作，在此表示衷心感谢。

本书可供食品科学与工程、食品质量与安全以及包括食品科学内容的生物工程和生物技术等专业的教师和学生使用，可以作为食品工艺学实验课程的教材以及课外科技活动的辅导资料，并可以作为食品工艺学实验室和中试车间建设的参考。本书也适用于非食品本科专业而攻读食品科学专业的研究生使用。食品研究、设计单位与加工企业亦可用其作为工作的参考书。

本书少数实验项目开发时间较短，需要继续进行理论与实践的改进。由于编者水平所限，时间仓促，书中可能存在疏漏之处，诚请各位专家、同行、读者提出宝贵意见，使其与时俱进，日臻完善。

编者

2016 年 10 月

第一版前言

《食品工艺学实验技术》结合近年来开展的精品课程建设和实验室建设的成果进行编写。食品工艺实验曾受限于较窄的专业口径或较少的课内学时，开设的实验项目较少，实验过程较简单，与科学研究和技术开发联系不够密切。本书力图拓展食品工艺实验覆盖的范围，充分发挥食品工艺实验培养实践能力和创新意识的作用。

本书包括具有理论意义的代表性产品工艺、食品产品的制造和配料的加工。编者从教师科研实践的成果中，选择了适宜在食品工艺实验室和食品中试车间开展的项目作为科研与教学结合的载体。近年来高校实验室购置和应用了食品物性仪器，编者把食品物性的测定作为一章。实验室规则、食品工艺实验设计主要方法、食品感官评价主要方法等在其他书籍中多有专论，编者将其置于化学工业出版社网站之中，以使本书简明轻快，免于冗长。本书在“实验原理和目的”中简要地说明了实验的基本原理和关键技术问题，促使学生理解基本理论对于解决技术问题的重要作用。本书以介绍产品标准的形式说明产品的评价方法，请读者使用网络检索产品标准所包括的分析方法。在“问题讨论”中，引导学生总结实验结果，发现问题，并思索实验与工业生产相结合的问题。本书在“参考文献”中提供了与实验相关可以检索应用的学术论文、电子参考书、视频、加工过程动画和设备公司的链接地址，试图以此帮助学生和读者建立形象思维，扩展食品科学与技术的视野。编写本书的初衷在于：实验结合网络资源，扩大实验的效果，把每一个实验打造成为自主学习的“学习包（learning pack）”。

本书由天津科技大学赵征任主编，天津农学院刘金福和天津商业大学李楠任副主编。本书编者均为多年从事食品科学与工程教学科研，特别是参加精品课程建设的教师。天津科技大学的《食品技术原理》获批为2008年国家级精品课程，天津农学院的《食品工艺学实验》获批为2008年天津市精品课程，天津商业大学的《食品技术原理》获批为2009年天津市精品课程。他们在撰稿中尽力结合了科学研究和教学改革的成果。编者在相关篇目的结尾均署作者姓名，在此恕不一一述及。本书参考了国内外同行和学者的科研成果与著作，在此一并表示衷心感谢。

本书可供食品科学与工程、食品质量与安全、包括食品科学内容的生物工程专业和生物技术专业等专业教师和学生使用，可以作为食品工艺学实验课程的教材以及课外科技活动的辅导资料，并可以作为食品工艺实验室和中试车间建设的参考。本书也适用于高职院校食品与发酵专业的学生以及非食品本科专业而攻读食品科学专业的研究生使用。食品研究、设计单位与加工企业亦可用其作为工作中的参考书。

由于编者水平所限，时间仓促，可能存在疏漏之处，诚请各位专家、同行、读者提出宝贵意见，使其与时俱进，日臻完善。

编者

2009年6月

目　录

第一章 粮油工艺实验

实验1 小麦的磨制与筛分

一、实验原理和目的

小麦研磨成粉的过程是分离小麦粒中的胚乳、麦皮（果皮和种皮）和胚。本实验要求理解小麦的磨制与筛分的基本原理，理解原料小麦的制粉特性，掌握小麦的磨制与筛分的基本工艺流程和基本技能，学习品质评定的一般方法。

二、实验材料和设备

1. 原辅材料

硬麦、蒸馏水。

2. 仪器设备

实验室小麦磨粉机。

三、实验内容

1. 工艺流程

清洗→水分调节→皮磨→心磨→筛分

2. 工艺要点

（1）清洗：仔细清洗小麦，去除所有的杂粒、石子、金属颗粒等杂质。

（2）水分调节：称取500g小麦放入密封袋中，根据小麦原始水分含量通过干燥或湿润方式使小麦水分含量达到16.5%，通过计算向密封袋中喷入定量的水，并充分混匀使水分将小麦浸润均匀，静置24h。加水量计算公式如下：

$$X=16.5M_S/83.5-A$$

式中，X 为100g小麦所需的加水量，%；M_S 为干物质含量，%；A 为小麦的初始水分含量，%。

（3）皮磨：从喂料口漏斗将500g小麦倒入，喂料口的喷口底部的磁石可将清洗不完全的金属颗粒吸附除去，磨粉时间为3～3.5min，过80目筛。

（4）心磨：将筛上部分从另一侧进料漏斗倒入，打开开关，3～5min之后完成心磨。

（5）筛分：过80目筛，将筛下的两种粉混合。

3. 产品评价

（1）感官指标：所得面粉色泽白，粒度分布均匀，无杂质，无异味。

（2）理化指标：小麦出粉率≥60%，灰分≤0.6%，白度≥70。

（3）评价方法：按照 GB 1355—1986《小麦粉》进行评价。

四、讨论题

1. 小麦水分调剂过程，若要调节 100g 初始水分含量为 11%的小麦，需加水量多少？

2. 计算小麦出粉率。

五、参考文献

[1] GB 1355—1986 小麦粉.

[2] 陈志成. 制粉师工程手册. 北京：中国轻工业出版社. 2007.

[3] Sergio O. Serna-Saldivar. Cereal Grains Laboratory Reference and Procedures Manual. New York：CRC Press，2012.

[4] Vieira M. Experiments in Unit Operations and Processing of Foods. Springer Science + Business Media，LLC. 2008.

[5] 视频：爱课程/食品技术原理/14-1/媒体素材/面粉.

曹汝鸽

实验 2　稻谷的加工

一、实验原理和目的

稻谷在加工中脱去谷壳（颖壳）成为糙米。在机械力的作用下使糙米经过自相摩擦，以及糙米与砂轮之间的互相擦离，迅速脱去糙米的皮层，以最小的破碎程度将稻谷胚乳同稻谷其他部分分离，从而制成符合标准的稻米。本实验要求理解稻谷加工的基本原理，掌握主要设备的操作方法、工艺过程及影响工艺效果的主要因素。

二、实验材料和设备

1. 原辅材料

稻谷。

2. 仪器设备

实验小型砻谷机、实验用碾米机、实验用小型精米机、实验室小型抛光机、小型智能大米色选机。

三、实验内容

1. 工艺流程

稻谷清理→砻谷及谷糙分离→碾米→擦米→晾米→白米分级→抛光→色选

2. 工艺要点

（1）稻谷清理：除去稻谷在生长、收割、贮藏和运输过程中可能混入的各种杂质，可采用风选、筛选和磁选等方法。

（2）砻谷及谷糙分离：稻谷经砻谷机进行脱壳，砻下物含有未脱壳的稻谷、糙米、谷壳等，将稻谷、糙米、稻壳等进行分离，分离的糙米送往碾米工序碾白，未脱壳的稻谷返回到砻谷机再次脱壳。

（3）碾米：将糙米经碾米机碾磨，果皮糊粉层和米胚大部分（米糠）都被碾去，留下白米粒，此过程应尽量保持米粒完整、减少碎米，提高出米率。

（4）擦米：用擦米机擦除黏附在白米表面的糠粉，使白米表面光洁，提高成品的外观色泽。

（5）晾米（冷却）：自然冷却，降低米温，防止成品发热霉变。

（6）白米分级：根据成品质量要求将白米分成不同含碎等级。

（7）抛光：将白米经着水润湿后送入抛光机内，在一定温度下，米粒表面的淀粉糊化使米粒表面晶莹光洁，不黏糠、不脱粉，提高其商品价值。

（8）色选：用色选机将白米中颜色不正常的或感染病虫害的杂质检出并分离。

3. 产品评价

（1）感官指标：米粒均匀完整，晶莹光洁，色泽美观，不黏附糠粉，不脱落米粉。

（2）理化指标：出糙率≥75％，整精米率≥50％，杂质≤0.3％，水分≤15.5％，色泽、气味正常。

（3）评价方法：按照NY/T 5190—2002《无公害食品　稻米加工技术规范》进行评价。

四、讨论题

1. 简述稻谷加工的工艺流程及各工序中影响成品大米质量的主要因素。

2. 计算稻谷加工过程出糙率。

五、参考文献

[1] NY/T 5190—2002 无公害食品　稻米加工技术规范.

[2] 吴良美. 碾米工艺与设备. 北京：中国财政经济出版社. 1985.

[3] Sergio O. Serna-Saldivar. Cereal Grains Laboratory Reference and Procedures Manual. New York：CRC Press，2012.

[4] Vieira M. Experiments in Unit Operations and Processing of Foods. Springer Science + Business Media，LLC. 2008.

[5] 视频：爱课程/食品技术原理/14-3/媒体素材/稻米加工、碾米设备.

曹汝鸽

实验3　玉米淀粉的加工

一、实验原理和目的

玉米淀粉主要集中在胚乳中，提取淀粉的方法，一般有干法和湿法两种。本实验采用玉米湿法加工，是采用物理的方法将玉米籽粒的各主要成分分离出来获取相应产品的过程，即将玉米浸泡，经粗细研磨，分出胚芽、纤维和蛋白质，而得到高纯度的淀粉产品。本实验要求理解玉米淀粉的加工原理，掌握玉米淀粉加工的工艺流程、加工的特点、基本要求、主要设备和影响工艺效果的主要因素。

二、实验材料和设备

1. 原辅材料

普通玉米、亚硫酸。

2. 仪器设备

浸泡桶、粉碎机、磨浆机、恒温箱、标准筛、胚芽分离器、淀粉流槽、离心机。

三、实验内容

1. 工艺流程

原料除杂、称重→玉米浸泡→粗磨→胚芽分离→细磨→过筛→
蛋白质分离→自然晾干→粉碎过筛→成品

2. 工艺要点

(1) 原料除杂、称重：选择清除杂质，颗粒饱满，无虫蛀，无霉变玉米，除杂后称取1kg。

(2) 玉米浸泡：使用亚硫酸溶液为浸泡液，浸泡温度(50±2)℃，浸泡时的亚硫酸钠浓度为0.2%～0.25%，浸泡时间为60～70h。

(3) 粗磨：用粉碎机将浸泡好玉米破碎成6块左右，以利于胚芽分离。

(4) 胚芽分离：将破碎后玉米置于胚芽分离器中，加入水，使胚芽浮在上面，分离出胚芽。

(5) 细磨：用磨浆机将去胚芽后玉米细磨两遍。

(6) 过筛：将细磨后玉米浆先过20目粗筛，再过200目和300目细筛，分别洗涤5次，滤液静置3～4h。

(7) 蛋白质分离：淀粉乳搅拌均匀后入离心管，在3500r/min条件下离心15min，得到湿淀粉块，刮掉上层暗黄色湿蛋白层，并用40℃的水冲洗干净暗黄色的物质，得到纯白色湿淀粉块。

(8) 自然晾干：用塑料铲将淀粉从流槽中刮出，置于不锈钢托盘中，于通风处自然晾干。

(9) 粉碎过筛、成品：干燥后淀粉粉碎过100目筛，装袋，即为淀粉成品。

3. 产品评价

(1) 感官指标：产品应为白色或微带浅黄色阴影的粉末，具有光泽，具有玉米淀粉固有的特殊气味，无异味。

(2) 理化指标：水分≤14%，酸度≤2.0°T，灰分(干基)≤0.18%，蛋白质(干基)≤0.6%，脂肪(干基)≤0.2%，细度≥98.5%，白度≥85%。

(3) 评价方法：按照GB/T 8885—2008《食用玉米淀粉》进行评价。

四、讨论题

1. 简述玉米淀粉加工的工艺流程及各工序中影响玉米淀粉质量的主要因素。

2. 计算玉米淀粉得率。

3. 工业生产如何进行？

五、参考文献

[1] GB/T 8885—2008 食用玉米淀粉.

[2] 陈璥. 玉米淀粉工业手册. 北京：中国轻工业出版社. 2009.

[3] Sergio O. Serna-Saldivar. Cereal Grains Laboratory Reference and Procedures Manual. New York：CRC Press，2012.

[4] Vieira M. Experiments in Unit Operations and Processing of Foods. Springer Science + Business Media，LLC. 2008.

[5] 视频：爱课程/食品技术原理/14-3/媒体素材/淀粉设备和工艺.

曹汝鸽

实验4 淀粉糖浆的制备

一、实验原理和目的

淀粉糖浆是淀粉水解后的产品，为无色、透明、黏稠的液体。糖浆的成分组成主要是葡萄糖、麦芽糖、低聚糖、糊精等。各种糖分组成比例因水解程度和采用糖化工艺而不同。本实验通过双酶法制备淀粉糖浆，首先以α-淀粉酶使淀粉降解成为小分子糊精，然后再用糖化酶将糊精、低聚糖中的α-1,6-糖苷键和α-1,4-糖苷键切断，最终得到淀粉糖浆。本实验要求了解双酶法制备淀粉糖浆的基本原理，掌握双酶法制备淀粉糖浆的实验方法。

二、实验材料

1. 实验材料

玉米淀粉、液化型耐高温α-淀粉酶、糖化酶、大孔吸附树脂、活性炭、碳酸钠、碘液。

2. 实验设备

搅拌机、恒温水浴锅、反应罐、离子交换柱、旋转蒸发器、电子天平、真空泵、布氏漏斗。

三、实验内容

1. 工艺流程

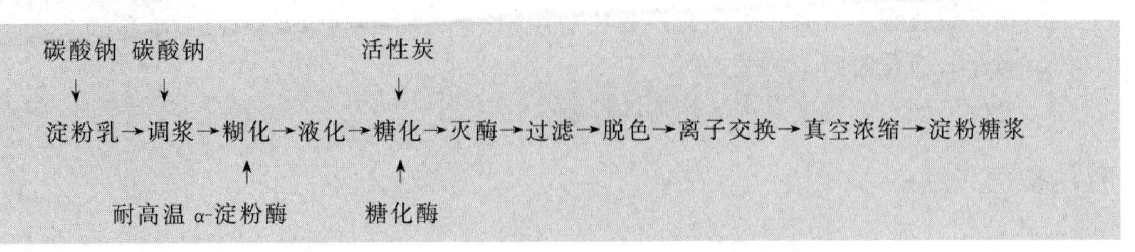

2. 操作要点

(1) 配制淀粉乳液并糊化：取200g淀粉置于2L的大烧杯中，加入1000mL水搅拌均匀，配制成200g/L的淀粉乳，于85～100℃下用搅拌机搅拌糊化。淀粉乳浓度不宜过高，过高则液化难以完成。

（2）淀粉糊液化：将淀粉糊置于85℃的水浴锅中，加入碳酸钠调pH至6.2左右，加入液化型耐高温α-淀粉酶1g，液化30min，期间要不断搅拌保证酶和淀粉充分接触。以碘色反应为红棕色，糖液中蛋白质凝聚好、分层明显、液化液过滤性能好为液化终点时的指标。液化时间过长，液化水解程度过大，则不利于下一步糖化酶和底物生成配合物结构，影响催化效率。

（3）糖化：将淀粉液化液冷却至55～60℃，加碳酸钠调pH至4.5左右，加入糖化酶1g，然后进行搅拌，保温糖化5h。

（4）灭酶、过滤：升温至100℃持续5min灭活酶，然后进入净化工序，过滤除去淀粉糖化液中不溶性杂质。

（5）脱色：在糖液中加入50g活性炭，控制糖液温度为80℃左右，搅拌0.5h后进行抽滤，利用活性炭的吸附作用脱色。

（6）离子交换：过滤后除去了不溶性杂质，但仍需进行离子交换处理以进一步除去糖液中水溶性杂质。脱色后将糖液温度冷却至40～50℃，进入离子交换柱，利用离子交换树脂进行精制，除去糖液中各种残留的杂质离子、蛋白质、氨基酸等，使糖液纯度进一步提高。

（7）真空浓缩：精制的糖化液浓度较低，经真空浓缩后即得浓度较高的淀粉糖浆。

3. 异常工艺条件的实验设计

（1）提高淀粉乳的浓度。

（2）增加液化时间。

（3）液化和糖化过程不进行搅拌。

4. 成品评价

（1）感官指标：无色或微黄色、清亮、透明、黏稠液体，无可见杂质，甜味纯正、温和，无不良气味。

（2）理化指标：以终葡萄糖值（DE）计，DE值41%～60%；干物质≥50%；pH 4.0～6.0；透射比≥98%；蛋白质≤0.1%；灰分≤0.3%。

（3）评价方法：按照GB/T 20885—2007《葡萄糖浆》进行评价。

四、问题讨论

1. 耐高温α-淀粉酶和糖化酶的作用原理是什么？
2. 在实验过程中过滤、离子交换起什么作用？
3. 为什么液化时间不能过长？
4. 分析不同水解程度对产品品质的影响。

五、参考文献

[1] GB/T 20885—2007 葡萄糖浆.

[2] 孟伯强. 淀粉糖浆的生产技术. 中国调味品，1993，(8)：25-26.

[3] 綦菁华，王芳，庞美霞. 淀粉糊化及酶法制备淀粉糖浆及其葡萄糖值的测定. 食品化学实验. 北

京农学院食品科学系.

[4] 视频：爱课程/食品技术原理/14-1/媒体素材/果葡糖浆企业.

孙平

实验5　花生油的热压榨

一、实验原理和目的

油脂的热压榨法制备是以热力和机械外力的作用，将油脂从热处理的油料中挤压出来的方法。油料作物（花生）的油滴与蛋白质结合而处于稳定乳化状态，存在于整个种子的超微结构之中。热处理使蛋白质变性而破坏乳化状态，微小油滴聚集成为具有流动性的较大油滴，在压榨的机械力作用下，油脂从油料作物（花生）组织中分离出来。本实验要求理解热压榨法制备花生油的原理并掌握花生油制备的方法。

二、实验材料和设备

1. 实验材料

花生仁等。

2. 实验设备

台式榨油机、蒸炒锅、破碎机、研钵、温度计、天平、台秤、筛网等。

三、实验内容

1. 工艺流程

花生仁→选拣→粉碎→过筛→蒸料→焙炒→降温→装料→压榨→出油→
破碎→装料→压榨→出油→取渣→过滤→成品

2. 操作要点

(1) 筛选、去皮：手工清理市售花生仁中的杂质等，手工去花生仁红色外皮。

(2) 碾坯：先用破碎机将花生仁破碎至6～8瓣，每瓣长宽不应大于0.5cm。将破碎后的花生仁放置到研钵中进行碾压，碾压时花生仁不要铺得过厚，以免碾坯不均匀，碾出的生坯厚度在0.3～0.5mm为好。

(3) 蒸坯：将碾好的生坯放置于蒸炒锅上层进行蒸坯。待蒸炒锅中的水加热至沸腾后，将碾好后的生坯均匀平铺在蒸炒锅的蒸屉上。蒸坯时间不低于30min，蒸好后要求经感官可见有油脂溢出，水分在8.5%左右。

(4) 装料：蒸好后的坯子即为熟坯，要迅速将熟坯装料至榨机，熟坯要压实，使中间略高。要求装料快而平，以达到保持饼温和延长压榨时间的要求。

(5) 头道压榨：饼装好后要立即压榨，一般达到出油率90%左右时，拆榨，卸饼，并用弯刀刮去饼边（不应同饼一起粉碎，最好掺到生坯中去，再进行头道压榨）。

(6) 粉碎压坯：将刮去饼边的头道饼用粉碎机进行粉碎，使通过3目的筛子，直至全部筛过为止。

(7) 二次压榨：操作均同前述。

(8) 两次压榨所得的毛油合并过滤，滤后的花生油即可为花生毛油。滤渣可掺入生坯中重复进行压榨。

(9) 包装成品：使用PET瓶装瓶，即得成品。

3. 异常工艺条件的实验设计

(1) 提高蒸坯的温度，延长蒸坯的时间。

(2) 碾坯环节将生坯破碎至10目以上。

4. 成品评价（以一级品计）

(1) 感官指标：具有花生油特有的香味和滋味。澄清、透明，无肉眼可见杂质。

(2) 理化指标：色泽（罗维朋比色槽25.4mm）≤黄15红1.6；水分及挥发物≤0.10%；不溶性杂质≤0.05%；酸值（KOH）≤1.0mg/g；过氧化值≤6.0mmol/g；溶剂残留量/(mg/kg) 不得检出；加热试验（280℃）微量析出物；罗维朋比色：黄色值不变，红色值增加<0.4。

(3) 评价方法；按照GB 1534—2003《花生油》进行评价。

四、问题讨论

1. 影响压榨法制备花生油得率的主要因素是什么？
2. 各工艺条件对花生油品质有什么样的影响？
3. 如何应用花生饼粕？

五、参考文献

[1] GB 1534—2003 花生油．

[2] 周瑞宝，周兵，姜元荣．花生加工技术．第二版．北京：化学工业出版社，2012.

[3] 刘玉兰．油脂制取与加工工艺学．第二版．北京：科学出版社，2016.

[4] Fereidoon Shahidi. Bailey’s Industrial Oil and Fat Products：16nd Ed. Hoboken，New Jersey：John Wiley & Sons，2005.

[5] 何东平．油脂化学．北京：化学工业出版社，2013.

[6] 视频：爱课程/食品技术原理/13-1/媒体素材/花生油生产工艺．

实验6 花生酱的制作

一、实验原理和目的

花生酱是以花生、调味料为基本成分，通过乳化制成的半流体食品。在花生酱中，内部的油滴分散在外部的水溶性物质组分之中，它属于一种油在水中型（O/W）的乳化物。花生中的蛋白质在该体系中发挥乳化剂的作用，与盐、糖等调味的水溶性物质结合，形成稳定的乳化体系。本实验要求理解花生酱的制作中乳化操作的原理和方法。

二、实验材料和设备

1. 实验材料

花生、砂糖、食盐、单甘酯等。

2. 实验设备

电热鼓风恒温烤箱、研磨机、胶体磨、混料罐、温度计、旋转式黏度计、色差计、pH计、天平。

三、实验内容

1. 工艺流程

花生果→剥壳→选料分级→烘烤→脱皮→配料→粗磨→精磨→灌装封盖→成品

2. 参考配方

去皮花生仁 860g、砂糖（粉）70g、单甘酯 5g、食盐 1.5g、味精 5g，用饮用水补至 1000g。

3. 操作要点

（1）剥壳、选料分级：手工脱去花生果外壳，检出霉变、败坏的花生仁，选取合格的花生仁，人工筛分大小，以保证均匀烘烤。

（2）烘烤、脱皮：用烤箱将分级后的花生仁分别进行烘烤，烘烤温度为 150～155℃，烤至花生表面成淡棕黄色。烤制完毕，待花生仁冷却后，手工脱去花生仁的红色表皮。

（3）配料、粗磨：按配方在配料桶中将配料混合均匀，然后用研磨机将其磨成粗制花生酱。

（4）精磨、灌装、封盖：用胶体磨研磨粗制花生酱，磨酱温度为 60～65℃，磨后及时灌装，封盖，得到花生酱成品。

4. 异常工艺条件的实验设计

（1）花生烘烤温度高于 180℃，时间大约 60min。

（2）只经过粗磨。

（3）磨酱温度高于 80℃。

5. 成品评价

（1）感官指标：整体色泽均匀一致，光亮；口感、风味和滋味适合；无酸败、哈败等异味；呈细腻均匀的半固体状。

（2）理化指标：水分≤1.78%，蛋白质≥24.89%，脂肪≥49.36%，总糖≥0.53%。

（3）评价方法：按照 NY/T 958—2006《花生酱》。

（4）物理性质测定：使用旋转式黏度计、色差计测定样品的黏度和色泽。

四、问题讨论

1. 各组分在花生酱中的作用是什么？
2. 乳化的操作条件对花生酱产品的质量有何影响？
3. 花生酱依靠什么防止微生物腐败，保持产品的稳定性？
4. 在花生酱的工业化生产中，应选用什么设备？

五、参考文献

[1] NY/T 958—2006 花生酱.

［2］周瑞宝，周兵，姜元荣．花生加工技术．第二版．北京：化学工业出版社，2012.
［3］王强．花生深加工技术．北京：科学出版社，2015.
［4］视频：爱课程/食品技术原理/13-1/媒体素材/花生酱．

张焱

实验7　人造奶油的制作

一、实验原理和目的

人造奶油系指精制食用油添加水及其他辅料，经乳化、急冷捏合成具有天然奶油特色的可塑性制品。在人造奶油中，内部的水相分散在外部的油相组分之中，它属于一种水在油中型（W/O）的乳化物。人造奶油中的乳化剂一般是卵磷脂、甘油单硬脂酸酯等。在这些乳化剂的作用下，人造奶油中形成了稳定的乳化体系。本实验要求理解人造奶油的制作原理和方法。

二、实验材料和设备

1. 实验材料

植物油（推荐棕榈油）、单甘酯（$HLB=3.2$）、卵磷脂（$HLB=4.0$）、奶油香精、维生素E、胡萝卜素、食盐等。

2. 实验设备

量筒、不锈钢罐、温度计、恒温水浴锅、天平、高速搅拌器、盘管式杀菌机、激冷机、捏合机、恒温冷柜等。

三、实验内容

1. 工艺流程

植物油（推荐棕榈油）、水、辅料→调和→乳化→杀菌→激冷捏合→包装熟成→成品

2. 参考配方

植物油（推荐棕榈油）800mL，水160mL，食盐10g，单甘酯3g，卵磷脂1g，胡萝卜素0.5g，香精0.5mL，山梨酸钾0.5g，维生素E 0.5g，全脂乳粉24g。

3. 操作要点

（1）计量、调和：将所有原料按照极性分为油溶性成分和水溶性成分。将植物油按配方比例（成品总质量以2000g计算）经计量后倒入3000mL不锈钢罐。油溶性成分（乳化剂、着色剂、抗氧剂、香精、油溶性维生素等）及单甘酯等倒入已放入植物油的不锈钢罐中，搅拌使之完全溶解。水溶性成分（食盐、防腐剂、全脂乳粉等）倒入1000mL不锈钢罐中，加入配方比例的水，加热溶解、搅拌均匀备用。

（2）乳化：将3000mL不锈钢罐中的油溶性成分加热到60℃，搅拌，然后加入配方比例的相同温度的水溶性成分，边加热，边迅速搅拌，形成油包水型乳化液。搅拌时间为30～40min，以便于形成大小适中的水包油滴（直径1～5μm的占95%）。在此条件下，人造奶油风味好，细菌难以繁殖。

(3) 杀菌：乳化液经盘管式杀菌机杀菌，先经96℃的蒸汽热交换，高温30s杀菌，再经冷却水冷却，回复至55～60℃。

(4) 激冷、捏合：杀菌后的乳状液经过水冷降温（至30～40℃）送入激冷机，利用制冷剂激冷，使乳状液急速冷却。乳状液通过激冷筒时，温度降到10～20℃（降温速率5～10℃/min)，此时乳状液温度已降至乳状液中植物油的熔点以下，乳状液中开始生成细小的结晶粒子，析出晶核，成为过冷液。过冷液虽已生成晶核，但如果让乳状液在静止状态下完成结晶，就会形成固体脂结晶的网状结构，结果使得被冷却的乳状液形成硬度很大的整体，不具可塑性。因而为取得具有一定塑性的人造奶油产品，必须在乳状液形成整体的网状结构之前，将网状结构用机械的方式打破，达到减稠的效果，并使产品具有可塑性。这一步骤通过捏合机的机械捏合得以实现，捏合速度为200r/min。经过机械捏合，打碎原来形成的网状结构，使它重新结晶，降低稠度，增加可塑性。

(5) 包装、熟成：从捏合机出来的人造奶油为半流体，要立即送往包装机。有些成型的制品则先经成型机后再包装。包装好的人造奶油置于比熔点低10℃的仓库中保存2～5d，以完成结晶。

4. 异常工艺条件的实验设计

(1) 乳化时间过长，乳化程度过于激烈。

(2) 只经过激冷不经过捏合工序。

(3) 包装好的人造奶油在室温下熟成。

5. 成品评价

(1) 感官指标：整体色泽均匀一致，颜色为白色、乳白色、乳黄色；口感适合，无酸败、哈败等异味；呈细腻均匀的半固体状。

(2) 理化指标：水分≤16%，食盐≤2.5%，脂肪≥80%，酸价≤1.0。

(3) 评价方法：按照NY 479—2002《人造奶油》进行评价。

四、问题讨论

1. 各组分在人造奶油中的作用是什么?
2. 乳化的操作条件对人造奶油产品的品质有何影响?
3. 为什么人造奶油的生产要经过激冷和捏合的步骤?
4. 在人造奶油的工业化生产中，应选用什么设备?

五、参考文献

[1] NY 479—2002 人造奶油.

[2] GB 15196—2003 人造奶油卫生标准.

[3] 王道波. 油脂精炼与深加工技术. 北京：科学出版社，2014.

[4] 赵云霞. 油脂深加工技术一本通. 北京：化学工业出版社，2013.

[5] Fereidoon Shahidi. Bailey’s Industrial Oil and Fat Products. 16nd Ed. Hoboken，New Jersey：John Wiley & Sons，2005.

[6] 视频：爱课程/食品技术原理/13-1/媒体素材/人造奶油、人造奶油制造.

张焱

实验 8 大豆分离蛋白的制备

一、实验原理和目的

大豆分离蛋白是以低温脱溶大豆粕为原料生产的蛋白质含量 90%以上的蛋白类食品配料。大豆粕中所含的蛋白质主要是球蛋白、少量的谷蛋白和清蛋白等。这些蛋白质可溶于稀碱液，故首先用稀碱液萃取大豆粕。然后用稀酸调节到蛋白质的等电点（4.2 左右），使其凝聚沉淀，浓缩、喷雾干燥，以制备大豆分离蛋白质。通过本实验了解大豆分离蛋白生产工艺过程，掌握从大豆粕中提取分离蛋白质工艺操作条件。

二、实验材料和设备

1. 实验材料

大豆脱脂粕、2% NaOH 溶液，2% HCl 溶液等。

2. 实验设备

不锈钢筒、量筒、温度计、搅拌棒、pH 计、台秤、电炉、石棉网、小型粉碎机、离心机、恒温水浴锅、真空浓缩器、喷雾干燥机等。

三、实验内容

1. 工艺流程

大豆脱脂粕→粉碎→碱液浸提→离心分离→浸提液→加酸沉淀→离心分离→酸沉蛋白→水洗分离→破碎分散→中和→杀菌→真空浓缩→喷雾干燥→包装→成品

2. 操作要点

（1）碱提取：用台秤称取已粉碎豆粕 100g 于不锈钢筒（3000mL）中，加 1000mL 水（加入量约为样重 10 倍）开始加热，温度上升到 40℃时滴加 2% NaOH 溶液约 50mL，调整样液 pH 至 8～9。此时不断搅拌，时间为 10min，保持温度 40～50℃，然后在离心机中分离，转速为 4000r/min，5min 即可。

（2）酸沉淀：收集蛋白质清液于 2500mL 烧杯中不断加热和搅拌，温度保持在 40～50℃，温度上升到 40℃时滴加 2% HCl 约 40mL，将蛋白质清液 pH 调至 4.2～4.5。蛋白质凝聚而沉淀，时间为 5min，然后用离心机分离，转速、时间同上。

（3）水洗中和：去掉上层清液，将沉淀即蛋白质凝乳用 500mL 水水洗，重复 2 次，每次用离心机分离，水洗完毕，加 2% NaOH 溶液调 pH 近中性，再用离心机分离，水洗完毕，加 2% NaOH 溶液调 pH 近中性，再用离心机分离，转速、时间同上。

（4）杀菌浓缩：将水洗中和后的蛋白液在 90℃加热 10min 或 80℃加热 15min，进行杀菌并提高产品的凝胶性。将杀菌后的蛋白液经过真空浓缩至浓度为 15%～20%之间。

（5）喷雾干燥：将蛋白液用高压泵打入喷雾干燥器中进行干燥。调节喷雾干燥机的进口温度为 190～200℃，出口温度为 80～90℃。经喷雾干燥，收集得大豆分离蛋白粉。

（6）包装：使用尼龙/聚乙烯复合袋包装，热合封袋，即得成品。

3. 异常工艺条件的实验设计

（1）改变碱液浸提的温度和 pH，使碱液温度提高到 60℃以上，pH 10 以上。

（2）改变沉淀蛋白时的 pH，使 pH 低于 4.0。

4. 成品评价

（1）感官指标：外观呈淡黄色或乳白色粉末，具有大豆蛋白粉应有的滋味和气味，无异味，无肉眼可见杂质。

（2）理化指标：水分≤10.0％，蛋白质≥90％。

（3）评价方法：按照 GB 20371—2016《食品加工用植物蛋白》进行评价。

四、问题讨论

1. 碱液浸提温度和 pH 对大豆分离蛋白提取率和质量有什么影响？
2. 酸沉淀的关键因素是什么，对大豆分离蛋白提取率和质量有什么影响？
3. 如何进一步提高大豆分离蛋白的蛋白质含量？

五、参考文献

［1］GB 20371—2016 食品加工用植物蛋白．

［2］殷涌光．大豆食品工艺学．北京：化学工业出版社，2006.

［3］李荣和，姜浩奎．大豆深加工技术．北京：中国轻工业出版社，2010.

［4］陈云，王念贵．大豆蛋白质科学与材料．北京：化学工业出版社，2014.

张焱

第二章　焙烤、谷物工艺实验

实验1　快速发酵法点心面包的制作

一、实验原理和目的

点心面包是以小麦粉、酵母、食盐和水四种基本原料为基础，添加较多的乳制品、砂糖、油脂和蛋制品等辅助材料，经过面团调制、发酵及烘烤等工序制成的发酵面制品。在发酵过程中，酵母通过其代谢活动，利用面团配料中的糖分产生二氧化碳使面包体积膨大，获得柔软、膨松的质地及发酵香味。快速发酵法是在一次发酵法基础上发展而来，增加酵母用量，提高面团调制速度，添加面团改良剂，加速面团发酵速度，缩短面团发酵时间。面包改良剂通常由酶制剂、乳化剂和强筋剂复合而成的生产面包的辅料。酶制剂一般有真菌α-淀粉酶、木聚糖酶、葡萄糖氧化酶。它的作用是改善面筋网络的膜结构，增加膜的黏弹性，增大面包体积，提高面包柔软度。面包中使用最多的乳化剂有硬脂酰乳酸钠、硬脂酰乳酸钙、双乙酰酒石酸单甘油酯、蔗糖脂肪酯、蒸馏单甘酯等。它通过面粉中的淀粉和蛋白质互相作用，形成复杂的复合体，提高面包的加工性能，改善面包组织，延长保鲜期。本实验要求理解面包快速发酵生产法的基本原理，掌握各项工艺方法和面包品质评定的一般方法及实验室各种仪器的使用方法。

二、实验材料和设备

1. 实验材料

高筋粉、即发活性干酵母、面团改良剂（酵母营养盐）、乳粉、植物油、人造奶油、砂糖、食盐等。

2. 仪器设备

多功能立式打粉机、恒温恒湿发酵箱、远红外线烤箱、操作台、台秤、温度计、面包积测定仪、质构仪。

三、实验内容

1. 工艺流程

原辅料称量及预处理→面团调制→静置→面团成型→末次发酵→烘烤→冷却→成品

2. 参考配方

高筋粉1000g，即发活性干酵母（高糖）30g，面团改良剂10g，盐5g，砂糖180g，乳粉40g，植物油20mL，人造奶油20g，水550mL，葡萄干100g。

3. 操作要点

（1）按实际用量称量各原辅料，并进行一定处理。取适量调粉用水将酵母溶解；人造奶油加热熔化；并取适量调粉用水将糖、盐溶解，乳粉也需预先调成乳浊液备用。检出葡萄干中杂质，用水冲洗干净，并用干净纱布包干表面的水分。

（2）面团调制：将面粉、面团改良剂及大部分水在调粉机中预混，加入酵母液和已溶好的糖、盐水、乳粉乳浊液，低速搅拌 5min 成团后，加入油脂，先低速 2min，再中速 10min，直到面团成熟。制作添加果料的面包，在面团调制后期加入果料，混匀即可。测量面团温度。

（3）调制好的面团在室温静置约 15min，开始定量分割。

（4）面团成型：均匀分割面团，轻轻揉圆，然后静置 15min，压扁后自行设计造型（包馅面包在此时包入馅料），并摆盘。

（5）末次醒发：在恒温恒湿醒发箱中进行，条件为温度 38～40℃，相对湿度 85%，时间约 30min。

（6）烘烤：从恒温恒湿醒发箱中取出，放入烤炉中烘烤，注意操作一定要轻拿轻放。烤炉温度上火 180～190℃，下火 200℃，烘烤 5～10min。在烘烤过程中注意上下火的调节，观察面包坯体积和颜色的变化，控制好烘烤条件。

（7）自然冷却：从烤炉中取出经烘烤的制品，摆放在洁净冷却架子上，在室温下自然冷却。

4. 成品评价

面包产品感官要求、理化要求及评价方法按照 GB/T 2081—2007《面包》进行。

（1）感官指标：形态完整、丰满，无黑泡或明显焦斑，形状应与品种造型相符；表面色泽为金黄色或淡棕色，色泽均匀，正常；内部组织细腻，有弹性，气孔均匀，纹理清晰，呈海绵状；具有发酵和烘烤后的面包香味，松软适口，无异味；无可见的外来异物。

（2）理化指标：水分≤45%；酸度≤6T°；比容≤7.0mL/g。

另外，本实验采用面包体积测定仪测量面包比体积（比体积=面包体积/面包重量），应用质构仪测定面包硬度、弹性、咀嚼性等感官质地指标，并与主观感官评定结果相比较。

四、问题讨论

1. 制作面包时如何挑选酵母品种？
2. 在烘烤面包坯时，确定烘烤条件应考虑哪些因素？
3. 试分析快速发酵法制作面包的优缺点？

五、参考文献

[1] GB/T 20981—2007 面包.

[2] GB 7099—2015 糕点、面包.

[3] 赵晋府. 食品工艺学. 第二版. 北京：中国轻工业出版社，2007.

[4] Karel Kulp，Joseph G Ponte，Jr. Handbook of Cereal Science and Technology. 2nd Ed. CRC Press，2002.

[5] 视频：爱课程/食品技术原理/14-1/媒体素材/硬面包圈.

李文钊

实验 2　改良二次发酵法主食面包的制作

一、实验原理和目的

主食面包是以小麦粉、酵母、食盐和水基本原料为主，乳制品、砂糖、油脂等辅助材料少量添加，经过面团调制、发酵及烘烤等工序制成的发酵面制品。在发酵过程中，由于配料中添加的糖量少，酵母主要是利用小麦粉中所含的糖类，产生二氧化碳使面包体积膨大，获得柔软、膨松的质地及发酵香味。二次发酵法由于发酵时间较长、发酵较充分，积累的发酵香味浓郁。本实验在传统二次发酵法基础上采用添加面团改良剂，适度缩短制作时间的面包加工方法。本实验要求理解主食面包的基本工艺，掌握面包面团调制的基本配方，学会正确判定打粉、发酵、烘烤等工序的终点，学习使用立式打粉机和恒温恒湿发酵箱等设备；学会面包品质的一般评定方法。

二、实验材料和设备

1. 实验材料

面粉、酵母、砂糖、食盐、植物油、水。

2. 仪器设备

多功能立式打粉机、恒温恒湿发酵箱、远红外线烤箱、台秤、面盆、水分测定仪器、面包体积测定仪、质构仪等。

三、实验内容

1. 工艺流程

原辅料称量及预处理→第一次调粉→第一次面团发酵→第二次调粉→静置→
面团成型→末次发酵→烘烤→冷却→成品

2. 参考配方

第一次调粉：高筋粉 700g，即发活性干酵母（低糖）10g，面团改良剂 1g，水 400mL。

第二次调粉：高筋粉 300g，砂糖 50g，盐 18g，起酥油 20g，水 200mL。

3. 操作要点

（1）按实际用量称量各原辅料，并进行一定处理。用适量打粉用水将酵母溶解，面粉需过筛，必须用打粉水预先溶化糖和盐，固体油脂需在电炉上熔化。

（2）将 70％的面粉和其他材料全部加入立式打粉机中进行第一次面团调制，先低速搅拌约 4min，再高速搅拌约 2min 调至面团成熟，面团温度控制在 24℃。

（3）调好的面团以圆团状放入面盆内，在恒温恒湿发酵箱内进行第一次发酵，发酵条件为温度 27℃左右，相对湿度 70％～75％，发酵时间约 4.5h，发至成熟。

（4）将除油脂以外的所有原料同发酵结束的面团一起放入打粉机中，进行第二次面团调制。先低速搅拌 3min，高速搅拌约 6min，成团后将油脂加入，再低速搅拌 3min，高速搅拌 6min，调至面团成熟。

(5) 取出调制好的面团，在室温下醒发约20min。

(6) 面团成型：均匀分割面团后轻轻搓圆，然后静置5～10min，再将静置后的面团压扁，用面棒擀成片，反复三折后，再横向对折放入模型中。

(7) 将已成型好的面包坯放入恒温恒湿发酵箱进行末次发酵，条件控制为温度38～40℃，相对湿度85%，时间约40min。

(8) 然后取出烘烤，条件为温度220℃，时间约35min。

(9) 从烤炉中取出烘烤的制品，摆放在洁净冷却架子上，在室温下自然冷却。

4. 成品评价

面包产品感官要求、理化要求及评价方法按照GB/T 2081—2007《面包》进行。

(1) 感官指标：形态完整、丰满，无黑泡或明显焦斑，形状应与品种造型相符；表面色泽为金黄色或淡棕色，色泽均匀、正常；内部组织细腻，有弹性，气孔均匀，纹理清晰，呈海绵状；具有发酵和烘烤后的面包香味，松软适口，无异味；无可见的外来异物。

(2) 理化指标：水分≤45%；酸度≤6T°；比容≤7.0mL/g。

本实验采用面包体积测定仪测量面包比体积（比体积＝面包体积/面包重量），应用质构仪测定面包硬度、弹性、咀嚼性等感官质地指标，并与主观感官评定结果相比较。

四、问题讨论

1. 良好的面包面团对面粉有什么要求？
2. 分析第一次调粉中面粉比例对面包产品品质及主要加工工序的影响？
3. 观察面包坯在烘烤中发生哪些变化并分析变化原因？
4. 说明改良二次发酵法制作主食面包具有哪些特点？

五、参考文献

[1] GB/T 20981—2007 面包.

[2] GB 7099—2015 糕点、面包.

[3] 赵晋府. 食品工艺学. 第二版. 北京：中国轻工业出版社，2007.

[4] Karel Kulp，Joseph G Ponte，Jr. Handbook of Cereal Science and Technology. 2nd Ed. CRC Press，2002.

[5] 视频：爱课程/食品技术原理/14-1/媒体素材/面包（中文字幕）.

李文钊

实验3 法棍面包的制作

一、实验原理和目的

法式长棍面包（baguette），是一种传统的法式面包。法棍面包表皮松脆，内心柔软而稍具韧性，咀嚼产生浓郁的麦香。法棍面包的配方简单，仅用面粉、水、盐和酵母四种基本原料，通常不加糖，不加乳粉，不加或几乎不加油脂，小麦粉未经漂白，不含防腐剂。法规还规定了面包形状、重量上及表面划口的数目。法棍面包的配料虽然简单，但要求严格，需要选用高筋粉和鲜酵母，经历16h低温发酵，发酵因时间长而充分，有利于形成浓郁的发酵香味。本实验学习法棍面包的基本工艺和配方，掌握法棍面包制作要点及品质评定方法。

二、实验材料与设备

1. 实验材料

高筋面粉和低筋面粉、鲜酵母、食盐、水。

2. 仪器设备

多功能立式打粉机、恒温恒湿发酵箱、远红外线烤箱、台秤、面盆等。

三、实验内容

1. 工艺流程

原辅料称量→和面→发酵→成型→末次发酵→烘烤→冷却→成品

2. 参考配方

高筋粉 900g，低筋面粉 100g，酵母 20g，食盐 15g，饮用水 600mL。

3. 操作要点

(1) 按实际用量称量各原辅料，并进行一定处理。用适量打粉用水溶解酵母，面粉需过筛，盐可用打粉水预先溶化。

(2) 将高筋面和剩余的水加入立式打粉机中调制面团，开启搅拌，缓慢依次加入酵母液及盐水，先低速搅拌约 4min，再中速搅拌 10～12min，调至面团成熟，检测面团成膜性判断是否到达调制终点，面团温度控制在 23℃。

(3) 调好的面团以圆团状放入面盆内，在恒温恒湿发酵箱内进行第一次发酵，发酵条件为温度 23℃，相对湿度 65%，发酵 0.5h 取出翻揉，再放回面盆，在面盆上覆盖保鲜膜，将面盆置于 4℃低温发酵 16h；取出，自然回温至室温。

(4) 将面团分割成 250g 剂子，轻拍面团后将剂子拉成一个长条的形状，然后用手掌按压，将长条裹成擀面杖的形状，放入烤盘中，调节温度为 28℃，湿度为 65%，发酵 30min 后取出，中间发酵完成。

(5) 用手按压面团拍出多余的空气，以便酵母充分和面团混合，可以发酵得更彻底。将面团用手掌卷成长卷形，尽量让面卷紧实，摆入烤盘中进行最后的发酵。如果没有法棍面包专用烤盘，则在烤盘上铺棉布保证法棍面包的受热均匀，每个法棍有独立空间，避免膨胀后相互粘连，影响外形。最后发酵温度为 30℃，湿度为 65%，醒发 45min。

(6) 取出发好的法棍面包用刀片划口，划口时刀片倾斜 45°，收刀时划弧线。每条 15°的划口长约 10cm，彼此交叠 2cm，每刀的深度为 0.5～1cm。然后将面包放入烤箱中进行烘烤，设置上火温度为 200℃，下火温度为 220℃。烘烤时若烤箱没有蒸汽功能则应在面包表面喷水后进行烘烤，烤制 20～25min。

(7) 从烤炉中取出经烘烤的制品，摆放在洁净冷却架子上，在室温下自然冷却。

4. 成品评价

法棍面包表皮酥脆，内心柔软而稍具韧性，耐咀嚼，发酵麦香味浓郁。法棍的标准直径为 5～6cm，但面包本身可以做得长达 1m，其最小长度通常认为不能小于 80cm。一个典型的法棍面包重 250g。

四、问题讨论

1. 法棍面包制作的技术关键是什么？
2. 为什么法棍面包变干时变韧难咀嚼，完全干透之后却变得酥脆？
3. 试分析面包表面出现小气泡，并且表皮发干的原因？
4. 哪些原因造成面包在烤制过程中膨胀不充分，出现气孔扁平的现象？

五、参考文献

[1] GB/T 20981—2007 面包.

[2] GB 7099—2015 糕点、面包.

[3] 赵晋府. 食品工艺学. 第二版. 北京：中国轻工业出版社，2007.

[4] Karel Kulp，Joseph G Ponte，Jr. Handbook of Cereal Science and Technology. 2nd Ed. CRC Press，2002.

[5] 视频：爱课程/食品技术原理/14-1/媒体素材/法式面包的制作.

李文钊

实验 4　羊角面包的制作

一、实验原理和目的

羊角面包（croissant）的主要原料为面粉、糖、鸡蛋，含有脂肪、碳水化合物等营养成分，热量高，是法国人喜欢的早餐食品之一。羊角面包起酥，起层，口感酥软，层次分明、奶香浓郁，质地松软。其加工工艺复杂，面团经过搅拌和发酵之后，还要经过低温冷起酥过程，即将低温处理的面团滚压成薄面片，均匀地包裹油脂后折叠，使包裹油脂的面团产生层次，面皮之间被油脂隔离不混淆。出炉后表面刷油，冷却后可撒上糖粉或者果酱进行装饰。通过本实验理解羊角面包生产原理，掌握羊角面包的制作工艺。

二、实验材料和设备

1. 实验材料

高筋面粉、低筋面粉、酵母、砂糖、食盐、奶油、起酥油、乳粉、鸡蛋、水。

2. 仪器设备

多功能立式打粉机、恒温恒湿发酵箱、冰箱、远红外线烤箱、台秤、面盆等。

三、实验内容

1. 工艺流程

原辅料称量→面团调制→冷冻→起酥→整形→末次发酵→烘烤→冷却→成品

2. 参考配方

高筋粉 800g，低筋粉 200g，砂糖 160g，食盐 12g，奶油 80g，起酥油 50g，乳粉 80g，

酵母（高糖）35g，鸡蛋 150g，饮用水 500mL。

3. 操作要点

（1）按实际用量称量各原辅料，用适量打粉用水将酵母溶解，面粉需过筛，必须用打粉水预先溶化糖和盐，奶油需在电炉上熔化。

（2）将面粉和剩余水加入立式打粉机中进行面团调制，先低速搅拌，同时，依次加入酵母液、糖水，初步成团后，再加入食盐水和奶油，低速混匀后，再中速搅拌 4～6min 调至面团结实，有光泽，有弹性。当用手拉起时具有伸展性但容易断裂，裂口平滑，则完成面团的搅拌。

（3）用塑料薄膜盖住面团，在室温下松弛 15min。

（4）冷冻：将面团压成长方形，用塑料薄膜将面团裹好，防止冷冻时面团水分的流失，放入－10℃的冷冻室冷冻 2～3h。

（5）冷冻降温的面团取出后在室温下放置约 20min。

（6）起酥：起酥油用塑料薄膜包裹，按压成一个长 50cm、宽 30cm 的长方形。取出冷冻面团，若面团过硬则放置一段时间，待面团软化后再操作。用走锤把面团擀成 90cm 长、50cm 宽、1cm 厚的面块。擀面时尽量平整，厚度一致。然后将起酥油放在面团中央，将两边的面团拉起，往中央折叠，完全包住起酥油，将面团露出起酥油的边缘捏紧，并轻轻将面团压平整。用走锤敲打后擀成 1cm 厚的面片，形状与没有放置起酥油时一致，继续将面片折叠 3 层，此方法被称为三折法。折叠时尽量平整，最后用塑料薄膜包装好，放入冷冻室，松弛 15～20min。取出面片后，以前面所述的三折法，用走锤敲打压延，重复制作两次，最后用塑料薄膜包装，放入冷冻室松弛 15～20min。

（7）整形：将面团切成底长 8cm、高 20cm 的等腰三角形，平均厚度为 0.3～0.4cm。然后从三角形的底开始卷起，松紧度适度，放入烤盘。

（8）末次发酵：将烤盘放入恒温恒湿发酵箱，设置温度为 30～32℃，相对湿度为 65%～70%，时间为 45～60min，发酵至体积增长 1 倍。

（9）在面团上刷上蛋液，放入烤箱中，设置上火 200℃，下火 180℃，烤制 10～15min。当面包呈现金黄色光泽时出炉。

（10）从烤炉中取出烘烤的制品，摆放在洁净冷却架上，在室温下自然冷却。

4. 成品评价

羊角面包形状呈四分之一月牙状，饱满，外皮呈金黄色，有层次。撕开一角，内层呈蜂窝状，松软酥脆，颜色呈米黄色，口感酥松；入口后微酸、有淡淡的麦芽味，并能感受到奶油和小麦粉的混合香气。

四、问题讨论

1. 羊角面包制作有哪些关键点？
2. 为什么搅拌后再加入盐和奶油？
3. 为什么面团醒发一定时间后保气能力下降，出现很多小气泡和结构塌陷？
4. 面包烤好后，表面起皱是什么原因？

五、参考文献

[1] GB 7099—2015 糕点面包.

[2] DB35/T 930—2009 法式面包.

[3] Karel Kulp, Joseph G Ponte, Jr. Handbook of Cereal Science and Technology. 2nd Ed. CRC Press, 2002.

[4] 视频：爱课程/食品技术原理/14-1/媒体素材/法式面包制作技术.

李文钊

实验 5 面包冷冻面团的制作

一、实验原理和目的

冷冻面团是 20 世纪 50 年代以来发展起来的面包生产和经营模式，是指在中心工厂中调粉、发酵、整形后，将面团急冻，冷藏，得到冷冻面团，然后再送往各连锁店，待需要时将其解冻、醒发、烘烤成型。冷冻面团技术是利用冷冻原理与技术来处理成品或半成品，改革了传统的食品生产模式，加工厂运往经营门店的是冷冻半成品，门店只需解冻后继续后续加工工序即可出售，不仅可以保证产品的新鲜度和品质稳定性，还减少生产经营所需场地和空间，节约了成本和劳动力。本实验将在实验 1 快速发酵法点心面包的制作基础上加工冷冻面团，通过本实验要求理解面包冷冻面团制作的基本工艺，与快速发酵法点心面包的品质进行比较，认识实验室制作面包冷冻面团存在的问题，探讨解决方案。

二、实验材料和设备

1. 实验材料

面包专用粉、砂糖、食盐、即发活性干酵母（高糖）、起酥油、人造奶油、植物油、乳粉、冰蛋、水。

2. 实验设备

多功能立式打粉机、恒温恒湿发酵箱、远红外线烤箱、操作台、台秤、温度计、面包积测定仪、食品质构仪等。

三、实验内容

1. 工艺流程

原辅料称量及预处理→面团调制→静置→面团成型→末次发酵→冷冻→冷藏→包装→面包冷冻面团成品

2. 参考配方

高筋粉 1000g，即发活性干酵母（高糖）30g，面团改良剂 10g，盐 5g，砂糖 180g，乳粉 40g，植物油 20mL，人造奶油 20g，饮用水 550mL，葡萄干 100g。

3. 操作要点

(1) 按实际用量称量各原辅料，并进行一定处理。取适量调粉用水将酵母溶解；人造奶油加热熔化；并取适量调粉用水将糖、盐溶解，乳粉也需预先调成乳浊液备用。检出葡萄干的杂质，用水冲洗干净，并用干净纱布包干表面的水分。

(2) 面团调制：将面粉、面团改良剂及大部分水在调粉机中预混，加入酵母液和已溶解的糖水、盐水、乳粉乳浊液，低速搅拌 5min 成团后，加入油脂，先低速搅拌 2min，再中速搅拌 10min，直到面团成熟。制作果料面包在面团调制后期加入果料，混匀即可。测量面团温度。

(3) 面团在室温下静置约 15min，开始定量分割。

(4) 面团成型：以一定重量均匀分割后，轻轻揉圆，然后静置 15min，压扁后自行设计造型（包馅面包在此时将馅料包入），并摆盘。

(5) 末次醒发：放入恒温恒湿醒发箱中进行，条件为温度 38～40℃，相对湿度 85%，时间约 30min。

(6) 速冻：在－30℃下冷冻至中心温度为－18℃。

(7) 冷藏：放入－18℃冰柜中冷冻保藏一周。

4. 成品评价

取冷藏一周的面包冷冻面团，在室温下解冻 30min，继续实验 1 制作工艺，即表面涂蛋液，放入烤炉中烘烤。烤炉温度上火 180～190℃，下火 200℃，烘烤 5～10min。在烘烤过程中注意上下火的调节和面包坯体积、颜色的变化，掌握好烘烤时间。经烘烤的制品从烤炉中取出，摆放在洁净冷却架子上，在室温下自然冷却。

同时，与实验 1 采用新鲜面团制作的面包一起进行成品评价，具体方法参见实验 1 中成品评价。

四、问题讨论

1. 比较面包冷冻面团与新鲜面团制作的面包在品质上差异？
2. 分析改进面包冷冻面团制作工艺的途径？
3. 设计面包冷冻面团的制作方案，实施并记录结果，讨论改进效果。

五、参考文献

[1] Q/KPY 0001 S—2012 冷冻面团 .
[2] Karel Kulp，Joseph G Ponte，Jr. Handbook of Cereal Science and Technology. 2nd Ed. CRC Press，2012.
[3] 视频：爱课程/食品技术原理/14-1/媒体素材/冷冻面团生产线 .

李文钊

实验 6　海绵蛋糕的制作

一、实验原理和目的

海绵蛋糕是以鸡蛋、小麦粉、糖为主要原料，通过打蛋、拌粉、注模及烘烤等工序制成的高蛋白、低脂肪、高糖分食品，配料中基本不使用油脂，口味清淡，是蛋糕的基本类型之一。它依靠蛋清蛋白的搅打发泡性能，将空气包裹在蛋液膜中，加入其中的糖能增加浆液的黏度，可起到稳定泡沫的作用。蛋糕工业目前使用显著乳化作用的蛋糕油，乳化剂的应用可缩短打蛋时间，提高蛋糕面糊泡沫的稳定性，简化蛋糕生产工艺流程，显著改善蛋糕质量，显著增大蛋糕体积，提高蛋糕出品率，并延长蛋糕保质期。本实验要求理解蛋糕生产的基本工艺原理，掌握蛋糕面浆调制的过程和烘烤过程。认识乳化剂在蛋糕制作中的作用。

二、实验材料与设备

1. 实验材料

面粉、鸡蛋、砂糖、泡打粉、蛋糕油、食盐、饴糖等。

2. 实验设备

立式打粉机、远红外烤箱、台秤、打蛋盆、面盆、操作台、蛋糕模板或模具、烤盘、刮刀、切刀、面包体积测定仪、质构仪等。

三、实验内容

1. 工艺流程

配料→打蛋→拌粉→注模→烘烤→冷却→成品

2. 参考配方

一般蛋糕配方：面粉 1000g，蛋液 840g，砂糖 740g，饴糖 210g，蛋糕油适量，泡打粉 20g，食用油 0.7mL。

奶油蛋糕卷配方：面粉 1000g，蛋液 1200g，砂糖 700g，奶油 400g，蛋糕油适量，葡萄干 100g，青丝 1g，泡打粉 20g。

3. 操作要点

(1) 将各原料按配方比例依次称好后，首先将蛋液、砂糖加入，低速边搅拌边加入水，然后快速搅拌 5min，加入蛋糕油后再高速搅打 5min，使其发泡，至体积增加 2～3 倍为止；将香精、油脂等其他辅料加入，轻轻搅拌均匀。

(2) 在打好的蛋液中加入面粉，轻轻搅拌均匀即可。

(3) 将面浆注入烤模中，所注入面浆体积为烤模体积的 70%，烤模需事先刷油预热。

(4) 在 200℃的烤炉中缓慢烘烤，烘烤时要注意经常观察，不要烤黑，烤熟后自然冷却。

4. 成品评价

蛋糕产品感官要求、理化要求及评价方法均按照 GB/T 24303—2009《粮油检验　小麦粉蛋糕烘焙品质试验　海绵蛋糕法》进行。感官指标：外形完整；块形整齐，大小一致；表面略鼓，底面平整；无破损，无粘连，无塌陷，无收缩，外部色泽呈金黄至棕红色，无焦斑，剖面淡黄，色泽均匀，组织松软有弹性；剖面蜂窝状，小气孔分布较均匀；带馅类的馅料分布适中；无糖粒，无粉块，无杂质；滋味、气味爽口，甜度适中，有蛋香味及该品种应有的风味；无异味。

本实验采用面包体积测定仪测量蛋糕比体积（比体积＝蛋糕体积/蛋糕重量），应用质构仪测定蛋糕硬度、弹性、咀嚼性等感官质地指标，并与主观感官评定结果相比较。

四、问题讨论

1. 影响蛋液打发的因素有哪些？

2. 调制蛋糕面浆先用蛋液和砂糖搅拌发泡的作用是什么？

3. 通过实验分析乳化剂的最佳加入方式及添加量。

4. 如何掌控蛋糕的烘烤条件？

五、参考文献

[1] GB/T 24303—2009 粮油检验　小麦粉蛋糕烘焙品质试验　海绵蛋糕法.

[2] 刘江汉等. 焙烤工业实用手册. 北京：中国轻工业出版社，2003.

[3] Duncan Manley. Technology of biscuits，crackers and cookies. 3rd Ed. CRC Press LLC，2011.

[4] 视频：爱课程/食品技术原理/14-1/媒体素材/点心蛋糕.

李文钊

实验7　浆皮月饼的制作

一、实验原理和目的

浆皮月饼又称为糖浆皮月饼、糖皮月饼，它是以小麦粉、转化糖浆、油脂为主要原料制成饼皮，经包馅、成型、烘烤（或不烘烤）等工艺加工制成的一类饼皮紧密口感柔软的月饼。馅料品种繁多，如金腿、莲蓉、豆沙、枣泥、椰蓉、冬蓉等。饼皮面团由转化糖浆或饴糖调制而成，饼皮甜而松软，含油不多，在调粉过程中，因高浓度糖浆降低面筋的含量，使面团既有韧性，又有可塑性，制品表面光洁，纹印清晰，不易干燥、变味。通过本实验掌握浆皮月饼馅和皮制作的基本工艺，掌握包制和烘烤技能和产品质量评价的方法。

二、实验材料和设备

1. 实验材料

面粉、起酥油、鸡蛋、糖浆、砂糖、植物油、食盐、干果、蜜饯、膨松剂。

2. 实验设备

多功能打粉机、远红外烤箱、烤盘、台秤、面盆、操作台、月饼模具、刮刀、切刀等。

三、实验内容

1. 工艺流程

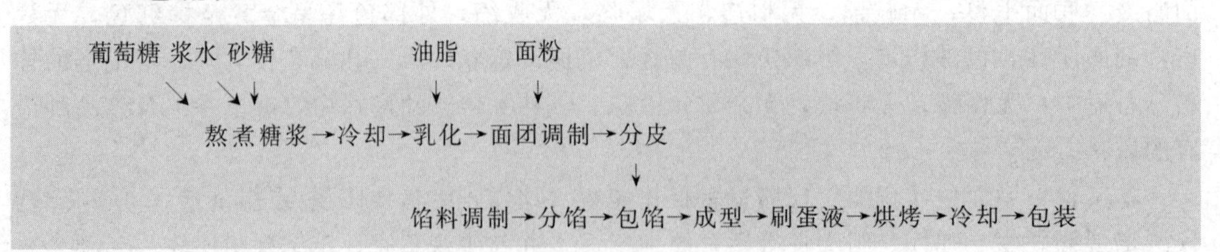

2. 参考配方

(1) 皮料配制（单位 kg）

面粉 16.5，砂糖 6.5，葡萄糖浆 1.5，花生油 3.5，碱水 0.25，碳酸氢钠 0.1，熬糖浆用水 3.5，成品蛋面用鸡蛋 2。

（2）馅料配制

① 金腿馅料配方（单位 kg）

砂糖 17.5，花生油 1.5，糖玫瑰 3，五香粉 0.35，熟糯米粉 6，白膘肉 13.5，橄榄仁 2，瓜子仁 4，核桃仁 4，芝麻仁 4，瓜条 3，大曲酒 0.25，火腿 3，香油 0.5，胡椒粉 0.35，精盐 0.13。

② 百果馅料配方（单位 kg）

砂糖 19，花生油 3，糖玫瑰 2，熟糯米粉 5，白膘肉 15，橄榄仁 2，瓜子仁 4，核桃仁 4，芝麻仁 5，瓜条 5，橘饼 1，蜜饯金橘 3，杏仁 3。

③ 豆沙馅料配方（单位 kg）

砂糖 32，小豆 24，花生油 11，糖玫瑰 3，熟面粉 2。

④ 枣泥馅料配方（单位 kg）

砂糖 16.5，花生油 13，绿豆粉 3，黑枣 37.5，熟糯米粉 3。

3. 操作要点

（1）熬糖浆

砂糖 100kg，水 50kg，淀粉糖浆 5.5kg，一起投入锅中加温熬制，用木铲搅拌，防止焦化。当糖液煮沸后滤去杂质，继续煮沸，当糖液温度上升至 104～105℃，深度为 72%～73%时立即停止加热，冷却后放置 2～3h 后方可使用。

（2）面团调制

将糖浆、面粉、油、碱在和面机内调成浆皮面团。要求面团筋力适当，软硬适度，细腻，具有一定可塑性，再制成小剂待用。

（3）馅料制作

馅料以果脯为主，以擦制法制馅，馅中加入适量的调味料和米粉，不加熟面，以控制糖分流动。糖和炒米粉保持 10：3 的比例。

（4）分摘、包馅、成型

产品包馅，先将剂坯用手掌按成中间厚、四周薄的饼状，其面积以能包住馅的三分之二为宜。然后一手拿起馅团，另一手将皮置于馅团上，再边提边移动，逐渐收严剂口，然后封口朝上放入木质印模中，用手掌逐个按紧，按平，磕入烤盘中。

（5）烘烤

入炉温度一般在 210～240℃，约 10min，当制品烤至金红色时即可出炉。

4. 成品评价

浆皮月饼产品感官要求、理化要求及评价方法均按照 GB/T 19855—2015《月饼》进行。

感官指标：外形饱满，轮廓分明，花纹清晰，不坍塌、无跑糖及露馅现象；表面光滑，饼面棕黄或棕红，色泽均匀，腰部呈乳黄色或黄色，底部棕黄不焦；无杂色；皮馅薄厚均匀，无脱壳，无大空隙，无夹生；无异味；无正常视力可见的杂质。

四、问题讨论

1. 浆皮类糕点制作需注意什么问题？

2. 浆皮类糕点具有哪些特点？

3. 面团与馅料之间软硬度、温度差异与月饼品质的关系如何？

五、参考文献

[1] GB 19855—2015 月饼．
[2] 刘江汉等．焙烤工业实用手册．北京：中国轻工业出版社，2003.
[3] 蔺毅峰，杨萍芳，晁文．焙烤食品加工工艺与配方．北京：科学出版社，2006.
[4] 视频：爱课程/食品技术原理/14-1/媒体素材/月饼新产品．

李文钊

实验 8　韧性饼干的制作

一、实验原理和目的

韧性饼干在国际上称为硬质饼干，一般使用中筋小麦粉制作，面团中油脂与砂糖的比例较低，油、糖比例为 1∶2.5 左右，油糖混合后与小麦粉之比为 1∶2.5 左右。碳酸氢钠和碳酸氢铵作为膨松剂。为了使面筋充分形成，调粉的时间较长，以便形成韧性极强的面团。韧性饼干的表面较光洁，花纹呈平面凹纹，通常带有针孔。香味淡雅，质地较硬且松脆，其横断面层次比较清晰。通过本实验学习韧性面团形成的基本原理和调制方法，掌握韧性饼干制作的基本工艺和配方，学习韧性饼干制作的基本技能和产品质量评价的方法。

二、实验材料和设备

1. 实验材料

饼干专用粉、猪油、豆油、白砂糖粉、食盐、鸡蛋、淀粉、全脂乳粉、碳酸氢钠（小苏打）、碳酸氢铵、柠檬酸、亚硫酸氢钠、磷脂、抗氧化剂、奶油香精、香兰素、水。

2. 实验设备

调粉机、电烤炉、烤盘、起酥机、台秤、面盆、操作台、饼干模具、刮刀、切刀。

三、实验内容

1. 工艺流程

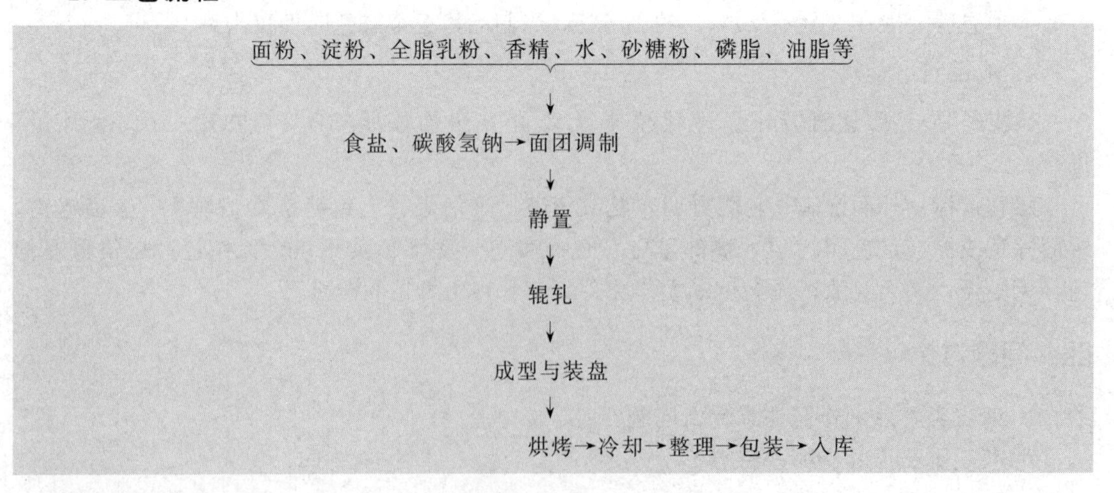

2. 参考配方

牛奶饼干：饼干专用粉 940g，淀粉 60g，砂糖 320g，猪油 70g，豆油 80mL，全脂乳粉 40～60g，鸡蛋 60～80g，食盐 2g，碳酸氢钠 7g，碳酸氢铵 5g，抗氧化剂 0.02g，柠檬酸 0.04g，亚硫酸氢钠 0.04g，奶油香精 0.5mL/1000g（面粉＋淀粉），香兰素 0.24mL，磷脂 15g，饮用水 280～340mL。

3. 操作要点

（1）面团的调制：先将砂糖粉与油脂、食盐、蛋液混合均匀，加入膨松剂、抗氧化剂，最后加入预先混合均匀的面粉、淀粉和乳粉，如面团较硬加入少量的水，调制成具有一定韧性和可塑性的面团。使用立式单桨调粉机调制，时间控制在 30～40min，如采用双桨卧式调粉机调制，时间控制在 20～25min，转速控制在 25r/min；面团温度控制在 38～40℃；面团的含水量控制在 18%～24%。面团调制终点的判断：调制好的面团面筋网络结构被破坏，面筋中部分水分向外渗出，面团明显柔软，弹性显著减弱，面团表面光滑、颜色均匀，有适度的弹性和塑性，撕开面团，其结构如牛肉丝状，用手拉伸会出现较强的结合力，拉而不断，伸而不缩，这标志着面团调制的完成。

（2）静置：调制好的面团需要静置 10～20min，以减小内部张力，防止饼干收缩。

（3）辊轧：静置后的面团放在起酥机上进行辊轧，最终使面皮带厚度达到 2.5～3.0mm。在辊轧过程中，注意每次辊轧的压延比（辊轧前面带的厚度与辊轧后面带厚度之比）不应超过 3∶1，辊轧次数以 9～13 次为宜，轧面时起酥机上下两辊间距的变换次数不宜过多。在辊轧过程中面带需要进行折叠，并旋转 90°，以便使面带内部所受到的应力均匀。

（4）成型与装盘：将辊轧好的面带平铺在操作台上，用打孔拉辊在面带上打孔，然后使用饼干模具制成各种形状的饼干坯，或使用带花纹的切刀切成相同形状、相同大小的饼干坯。再将成型后的饼干坯均匀地摆放在烤盘中。

（5）烘烤：采用先低温后高温，较长时间烘烤的方法，炉温为 180～220℃，烘烤 8～10min。

（6）冷却：在 25℃的室温下，使产品自然冷却至 38～40℃。

4. 成品评价

（1）感官指标：外形完整，花纹清楚或无花纹，一般有针孔，薄厚均匀，不收缩，不变形；呈金黄色、棕黄色或该品种应有的色泽，色泽基本均匀；具有该品种应有的香味，无异味，口感松脆细腻，不粘牙；断面结构有层次或多孔，冲泡呈糊状；无油污，无不可食用异物。

（2）理化指标：水分≤4.0%，脂肪≥16.0%，碱度（以碳酸钠计）≤0.4%，pH≤8.8。

（3）评价方法：根据 GB/T 20980—2007《饼干》进行评价。

四、问题讨论

1. 为什么韧性饼干面团需要较长时间调制？怎样判定调制的终点？
2. 韧性饼干面团辊轧过程中须注意哪些事项？
3. 韧性饼干为什么需要采用先低温后高温，较长时间烘烤的方法？

五、参考文献

[1] GB/T 20980—2007 饼干 .

[2] 刘江汉等．焙烤工业实用手册．北京：中国轻工业出版社，2003.
[3] 贡汉坤等．焙烤食品生产技术．北京：科学出版社，2004.
[4] 蔺毅峰，杨萍芳，晁文．焙烤食品加工工艺与配方．北京：科学出版社，2006.
[5] 视频：爱课程/食品技术原理/14-1/媒体素材/韧性饼干、饼干的加工．

李飞

实验9　曲奇饼干的制作

一、实验原理和目的

曲奇饼干是一种近似于点心类食品的甜酥性饼干，是饼干中配料最好、档次最高的产品。饼干结构比较紧密，膨松度小，由于油脂含量高，产品质地极为疏松，食用时有入口即化的感觉。表面花纹深，立体感强，图案如浮雕状，块形不是很大，但较厚。由于配方中所含的油、糖比例高［标准配比，油∶糖＝1∶1.35，（油＋糖）∶面粉＝1∶1.35］，调粉过程中先加入油、糖等辅料，在低温下进行搅打，然后加入小麦粉，使面团中的面筋蛋白质进行限制性胀润，从而得到弹性小、光滑而柔软、可塑性极好的面团。对于高油糖配比的曲奇饼干，调制后形成料浆，需要采用挤出成型的方法。通过本实验学习甜酥性面团形成的基本原理和调制方法，掌握甜酥性饼干制作的基本工艺和配方，学会甜酥性饼干制作的基本技能和产品质量评价的方法。

二、实验材料和设备

1. 实验材料

小麦粉、糖粉、奶油、全脂乳粉、鸡蛋、食盐、可可粉、巧克力、炼乳。

2. 实验设备

调粉机、电烤箱、烤盘、台秤、面盆、操作台、挤料袋、花嘴。

三、实验内容

1. 工艺流程

奶油、糖粉、食盐→搅打→混匀←蛋液
↓
调浆→挤出成型→烘烤→冷却→包装→成品
↑
全脂乳粉＋小麦粉→预处理

2. 参考配方

奶油曲奇：低筋小麦粉500g，高筋小麦粉500g，奶油800g，糖粉400g，脱壳鲜蛋150g，全脂乳粉60g，食盐6g。

巧克力曲奇：低筋小麦粉500g，高筋小麦粉500g，奶油750g，糖粉380g，脱壳鲜蛋100g，可可粉45g，巧克力200g，炼乳110g。

3. 操作要点

（1）原料的预处理：在调粉前将小麦粉与全脂乳粉或与可可粉混合并过筛备用。巧克力切碎隔水加热熔化，加入炼乳混匀备用。

(2) 搅打、混匀与调浆：将奶油、糖粉和食盐放入调粉机充分搅打充气，加入脱壳鲜蛋搅匀备用。奶油曲奇料浆：在打发后的奶油中加入预先混合过筛的全脂乳粉和小麦粉，低速混合均匀。巧克力曲奇料浆：在熔化后的巧克力料液中加入打发后的奶油搅匀，再加入预先混合过筛的可可粉和小麦粉搅匀。注意加入小麦粉后不宜搅拌时间过长，否则会使面筋蛋白过度胀润，使面团起筋，影响产品的口感。

(3) 挤出成型：先将花嘴装入挤料袋中，再将调制好的料浆分别装入挤料袋中，间隔一定距离将料浆挤在烤盘上，注意大小相同，排列整齐。

(4) 烘烤与冷却：将烤盘放入烤箱中，先用上火温度为190℃、下火温度为170℃烘烤，再将上火温度调低至170℃，烘烤10～15min。注意饼干坯的颜色和形状变化。烤熟后从烤炉中取出，放在室温下冷却至35～38℃。

4. 成品评价

(1) 感官指标：外形完整，花纹清楚，大小均匀，饼体无连边；呈金黄色、棕黄色，色泽基本均匀；有明显奶香味，无异味，口感酥松，不粘牙；断面细密多孔，无较大孔洞，无油污，无不可食用异物。

(2) 理化指标：水分≤4.0%，脂肪≥16.0%，碱度（以碳酸钠计）≤0.3%，pH≤8.8。

(3) 评价方法：根据GB/T 20980—2007《饼干》进行评价。

四、问题讨论

1. 甜酥性（曲奇）饼干面团调粉时为什么先加入油、糖、蛋等辅料及进行搅打，然后加入小麦粉？说明甜酥性饼干面团调制原理和方法以及关键的工艺参数。

2. 为什么在制作饼干时，在奶油打发或糖搅拌溶化之前，不能加入蛋液搅拌？

3. 根据配方制作曲奇饼干，通常采用哪些成型方式？

五、参考文献

[1] GB/T 20980—2007 饼干.

[2] 刘江汉等. 焙烤工业实用手册. 北京：中国轻工业出版社，2003.

[3] 许金祥，蔡荣桦. 西点蛋糕制作精华. 广州：广东科技出版社，1998.

[4] 薛文通等. 新版饼干配方. 北京：中国轻工业出版社，2002.

[5] 视频：爱课程/食品技术原理/14-1/媒体素材/曲奇饼干、饼干的加工.

李飞

实验10 发酵饼干的制作

一、实验原理和目的

发酵饼干是利用生物膨松剂酵母与化学疏松剂相结合的发酵性饼干，可分为咸发酵饼干和甜发酵饼干两种。酵母在生长繁殖过程中产生二氧化碳，使面团胀发，在烘烤时二氧化碳受热膨胀，再加上油酥的起酥效果，形成疏松的质地和清晰层次的内相。面团经过发酵，其中的淀粉和蛋白质部分地分解成为易被人体消化吸收的低分子营养物质，使制品具有发酵食品特有的香味，由于化学疏松剂的作用，制品表面有较均匀的起泡点，又因含糖量极少，所以表面呈乳白色略带微黄色泽，口感松脆。通过本实验学习发酵饼干面团形成的基本原理和调制方法，掌握发酵饼干制作的基本工艺和配方，学会发酵饼干制作的基本技能和产品质量评价的方法。

二、实验材料和设备

1. 实验材料

小麦粉、起酥油、鲜酵母、饴糖、磷脂、猪油、柠檬酸、食盐、抗氧化剂、水。

2. 实验设备

调粉机、电烤炉、烤盘、起酥机、打孔拉辊、台秤、面盆、操作台、饼干模具、刮刀、切刀。

三、实验内容

1. 工艺流程

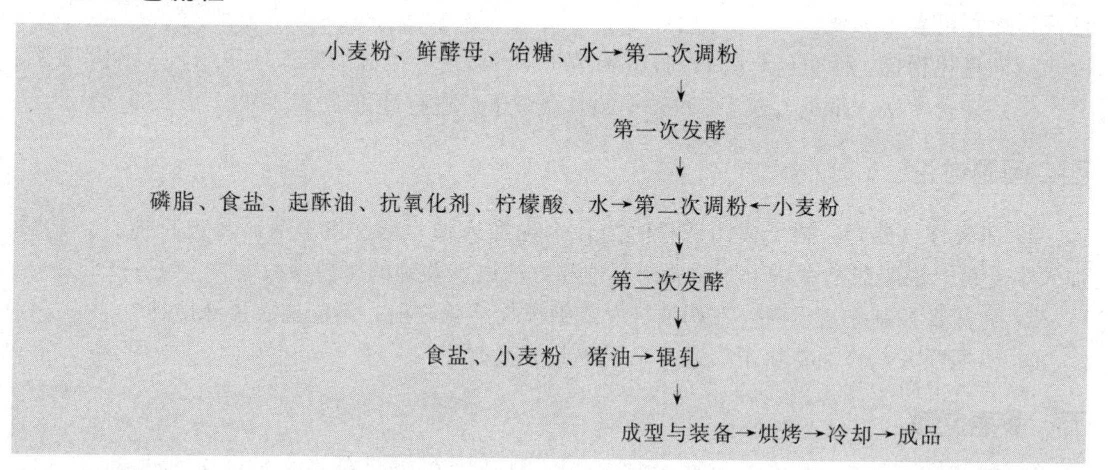

2. 参考配方

第一次调粉：小麦粉（强力粉配 1/3 弱力粉）450g，鲜酵母 20g，饴糖 50g，饮用水 220mL。

第二次调粉：小麦粉（弱力粉）450g，食盐 4g，小苏打 6g，起酥油 150g，磷脂 10g，抗氧化剂 0.025g，柠檬酸 0.05g，水 150mL。

油酥：小麦粉（弱力粉）100g，猪油 24g，食盐 12g。

3. 操作要点

（1）预处理：将酵母加水制成悬浊液；油酥按配方加料用调粉机拌和备用。

（2）第一次调粉：将第一次调粉用料放入调粉机内，加水进行调制，低速搅拌 2min，中速搅拌 3min，面团温度为 28～30℃。

（3）第一次发酵：将调制好的面团放入温度 30℃，相对湿度 80%的发酵箱中，发酵5～8h。发酵完成时面团的 pH 下降为 4.5～5.0。

（4）第二次调粉：将发酵面团和其他材料放入调粉机内，加水进行调粉，低速搅拌 3min，中速搅拌 3min，面团温度 28～31℃。注意小苏打应在调粉接近终点时加入。

(5) 第二次发酵：将调制好的面团放入温度30℃、相对湿度80%的发酵箱中，发酵3～4h。

(6) 辊轧：发酵后的面团放在起酥机上进行辊轧，最终使面皮带厚度达到2.5～3.0mm。在辊轧过程中，注意每次辊轧时的压延比（辊轧前面带厚度与辊轧后面带厚度之比），夹酥前压延比不应超过3∶1；夹酥后压延比一般要求（2～2.5)∶1。辊轧次数以11～13次为宜（轧面时起酥机上下两辊间距的变换次数不宜过多)。在夹酥后面带需要进行折叠，一般为3或4折，并旋转90°，以便使面带内部所受到的应力均匀。

(7) 成型与装盘：将辊轧好的面带平铺在操作台上，用打孔拉辊在面带上打孔，然后使用饼干模具制成各种形状的饼干坯，或使用带花纹的切刀切成相同形状、相同大小的饼干坯。再将成型后的饼干坯均匀地摆放在烤盘中。

(8) 烘烤：采用前期上火温度较低、下火温度较高，然后逐渐增加上火温度的烘烤方法，前期上火温度为180～200℃，下火温度210～230℃，后期上火温度逐渐增加到220℃，烘烤4～6min。

(9) 冷却：在25℃的室温下，使产品自然冷却至38～40℃。

4. 成品评价

(1) 感官指标：外形完整，有较均匀的油泡点，薄厚均匀，不收缩，不变形；呈浅黄色或谷黄色，色泽基本均匀；咸味适中，具有发酵制品应有的香味及该品种特有的香味；无异味，口感酥松或松脆，不粘牙；断面结构层次分明；无油污，无不可食用异物。

(2) 理化指标：水分≤5.0%，酸度（以乳酸计)≤0.4%。

(3) 按照GB/T 20980—2007《饼干》进行评价。

四、问题讨论

1. 为什么发酵饼干面团两次调制时间都较短？

2. 发酵饼干面团两次发酵的目的是什么？如何判定发酵的终点？

3. 发酵饼干面团辊轧过程需要注意哪些事项？

4. 烘烤发酵饼干时为什么采用前期上火温度较低、下火温度较高，然后逐渐增加上火温度的烘烤方法？

五、参考文献

[1] GB/T 20980—2007 饼干.

[2] 刘江汉等. 焙烤工业实用手册. 北京：中国轻工业出版社，2003.

[3] 贡汉坤等. 焙烤食品生产技术. 北京：科学出版社，2004.

[4] 蔺毅峰，杨萍芳，晁文. 焙烤食品加工工艺与配方. 北京：科学出版社，2006.

[5] 视频：爱课程/食品技术原理/14-1/媒体素材/发酵饼干.

李飞

实验11　馒头的制作

一、实验原理和目的

馒头是一种把面粉加酵母、水或食用碱等混合均匀，通过揉制、醒发后蒸熟而成的食品，成品外形为半球形或长方形。面团的发酵，通过发酵面团中的糖，酵母产生大量二氧化碳气泡，使馒头具有特征性的蜂窝状结构。同时，发酵作用的某些其他产物和酵母本身，提供了面包的风味。面团的醒发的目的是通过面筋更好地增加面团的韧性，使蒸出的馒头口感更松软。通过本实验学习馒头面团形成的基本原理和调制方法，掌握馒头的制作工艺和配方，学会馒头制作的基本技能和成品质量评价方法。

二、实验材料和制备

1. 实验材料

小麦粉、酵母粉、水、泡打粉。

2. 实验设备

调粉机、蒸箱、醒发箱、台秤、面盆、操作台、切刀。

三、实验内容

1. 工艺流程

温水（30℃）溶解酵母
↓
泡打粉和小麦粉混匀→调粉→一次醒发→切分成型→二次醒发→汽蒸→冷却→成品

2. 参考配方

小麦粉 1000g，饮用水 500mL，酵母粉 6～10g，泡打粉 4～6g。

3. 操作要点

（1）调粉：用温水（30℃）将酵母活化 3min，倒入小麦粉中，使用调粉机低速搅拌，待一定比例的面粉和水混合均匀后，换 2 挡速搅拌 5～10min。注意：调粉终点为面团表面光滑、不粘手，面团内不含生粉。

（2）一次醒发：将和好的面团置于温度为 38℃，相对湿度为 80%的醒发箱中，发酵 1h 左右。注意：醒发终点判断，面团体积膨大 1 倍，内部呈蜂窝状且均匀的组织结构。

（3）切分成型：在操作台上，将发酵好的面团切分搓圆，手工揉成形状相同、大小均匀、表面光滑的馒头坯，摆入蒸盘中。注意：馒头坯下放置油纸或屉布以免与蒸盘粘连，切馒头坯间预留一定距离。

（4）二次醒发：将馒头坯再次置于温度为 38℃，相对湿度为 80%的醒发箱内，醒发 15min 左右，至表面光滑，不皱缩为宜。

（5）汽蒸：预热蒸箱至水沸腾，将醒发箱内醒发好的馒头放入蒸箱，沸水汽蒸 25min。

（6）冷却：在 25℃室温下，使产品自然冷却。

4. 成品评价

（1）感官评价：外形完整，色泽正常，表面无皱缩、塌陷，无黄斑、黑斑、白毛和黏斑等缺陷；内部质构均匀，有弹性，呈海绵状，无粗糙大孔洞、局部硬块、干面粉痕迹等明显缺陷；口感无生感，不粘牙，不牙碜；具有小麦粉经发酵、蒸制后特有的滋味和气味，无异味。

（2）理化指标：比容≥1.7mL/g，水分≤45.0%，pH 5.6～7.2。

（3）评价方法：根据 GB/T 21118—2007《小麦粉馒头》进行评价。

四、问题讨论

1. 如何判断馒头的调粉终点？

2. 馒头面团两次醒发的目的是什么？如何判断醒发终点？

五、参考文献

[1] GB/T 21118—2007 小麦粉馒头.

[2] 刘长虹. 馒头生产技术. 北京：化学工业出版社，2012.

[3] 杨艳虹，檀革宝，张春红. 馒头实验室评价及操作相关性. 粮食加工，2007，32 (5)：65-67.

[4] 视频：爱课程/食品技术原理/14-1/媒体素材/蒸制面食的制作、馒头机械化生产线.

实验 12　油炸方便面的加工

一、实验原理和目的

方便面又称速煮面、即食面、快食面，有油炸和非油炸干燥方便面之分。将原辅料通过松散混合、成团、成熟和塑性增强等过程的调制，使面团有相当的黏弹性，一定程度的延伸性和可塑性，再通过静置熟化，使水分充分渗透到面粉颗粒内部，蛋白质充分吸水膨胀，使面团网络结构更加完整，湿面团弹性降低，工艺性能提高，然后通过压延使面团的网络结构分布均匀，面团成型，面团的可塑性、黏弹性和延伸性得以充分体现。再通过切条、蒸煮、切断、干燥和冷却、包装过程最终得到各项品质指标合格的产品。通过本实验学习方便面制作的基本原理和一般工艺，熟悉方便面感官质量指标和一般评定方法。

二、实验材料和设备

1. 实验材料

小麦粉、水、食盐、食碱（无水碳酸钠 59%、无水碳酸钾 30%、无水磷酸钠 7%、无水焦磷酸钠 4%）、海藻酸钠、硬脂酸甘油酯、维生素 E、棕榈油。

2. 实验设备

多功能立式打粉机、压面机、切刀、电炉、蒸锅、热风干燥箱或油炸锅、操作台、台秤、质构仪等。

三、实验内容

1. 工艺流程

原料→称量→溶解→面团调制→静置熟化→辊轧压延→切条成型→蒸煮→切断折叠→油炸干燥→冷却→包装→成品

2. 参考配方

小麦粉 1000g，饮用水 550mL，食盐 17g，食碱 2g，海藻酸钠 3g，硬脂酸甘油酯 2g，维生素 E 0.3g。

3. 操作要点

（1）称量、溶解：根据配方称取配方材料，并进行处理。面粉过筛，食盐、食碱、海藻酸钠、硬脂酸甘油酯和维生素 E 先用适量水溶解。食盐添加适量。一般选用精盐，如果是粗盐，则必须沉淀去除杂质后方可使用。加食碱时，必须先将碱粉一点点倒入水中，同时搅拌均匀，使碱逐渐溶解，碱的溶解会使水温升高，应冷却后再使用。

（2）面团调制：面团可机器调制或手工调制，调制方法不同，形成的面团质构不同，面条的品质也有差异。分别采用两种不同的方法进行调制，然后对面团质构进行测定。

① 机器调制：将配方材料全部放入打粉机中预混，先低速调制 2min，再中速调至面团成熟。从调粉开始的松散混合阶段到已经湿润的面粉颗粒成团阶段，直至面团成熟和塑性增强阶段，整个过程一般为 15min 左右。

② 人工调制：将配方材料充分混合，手工调制至面团成熟后，再继续调制 5～6min。

③ 面团质构测定：分别取适量上述不同方法调制的面团放置于质构仪测试平台上，用质构仪测量其黏弹性和硬度等质构指标，重复 3 次取平均值。

（3）静置熟化：将面团取出，静置熟化 13min。

（4）辊轧压延：反复辊轧 7～10 次，最后压成 0.3～2.0mm 的薄片。面片的厚度对后续工艺和面条的复水性能及面块的耐压强度有较大影响。不同品种的方便面应根据其特点控制不同的厚度。杯装面约为 0.3mm，袋装煮食型油炸面为 1～2mm，软面及炒面为 1.2mm 以上。

（5）切条成型：用切刀将面片切成细条状。

（6）蒸煮：用蒸锅加热蒸煮 5min，要求面条糊化度达 80%以上。

（7）切断折叠：按一定长度切断并对折。

（8）油炸干燥：将蒸熟的面块放入 140℃的棕榈油锅中油炸，时间约 80s，取出沥油，要求油炸后方便面水分含量不大于 8%，脂肪含量不大于 24%。

（9）冷却和包装：将油炸干燥后的面条冷却至室温或略高于室温，然后检验、包装，即成成品。

4. 产品评价

（1）感官指标：呈该品种特有的颜色，无焦、生现象，正反两面可略有深浅差别；气味正常，无霉味、哈喇味及其他异味；外形整齐，花纹均匀，无异物、焦渣；面条复水后，应无明显断条、并条、无夹生，不粘牙。

（2）理化指标：水分≤8.0g/100g，酸价（以脂肪酸计）≤1.8mg KOH/g，过氧化值（以脂肪酸计）≤0.25g/100g，羰基价（以脂肪酸计）≤20mmol/kg。

（3）评价方法：按照 GB 17400—2015《方便面》进行评价。

四、问题讨论

1. 油炸方便面制作过程中的关键控制点有哪些？如何控制？

2. 油炸方便面生产中，水、食盐、食碱、海藻酸钠、硬脂酸甘油酯、维生素 E 各有什么作用？

3. 由机器调制和人工调制面团制成的方便面品质有哪些差异？

4. 比较挤压非油炸方便面和非挤压油炸方便面的制作工艺特点。

五、参考文献

[1] GB 17400—2015 方便面.
[2] 朱蓓薇. 方便食品加工工艺及设备选用手册. 北京：化学工业出版社，2003.
[3] 吴加根. 谷物与大豆食品工艺学. 北京：中国轻工业出版社，1999.
[4] 视频：爱课程/食品技术原理/14-2/媒体素材/方便面.

胡爱军

实验 13　膨化玉米棒的制作

一、实验原理和目的

采用挤压膨化技术加工食品，在原料经初步粉碎和混合后，即可用挤压机一步完成混炼、熟化、破碎、杀菌、预干燥、成型等工艺，再经烘干、调味后即为成品。挤压食品具有如下特点：挤压膨化食品不易产生“回生”现象，便于长期保存；利用挤压膨化加工的产品口感好，改善了产品的风味；挤压膨化加工技术，生产效率高，原料利用率高，无“三废”污染；挤压膨化加工技术适用范围广。本实验将玉米糁利用挤压机膨化成玉米棒，通过调整挤压参数，考察其对膨化率、产品感官的影响。通过本实验使学生理解物料挤压变性的原理，学会挤压机的操作。

二、实验材料和设备

1. 实验材料

市售的玉米糁、纯净水。

2. 实验设备

双螺杆挤压机、烘干箱、天平、游标卡尺、快速水分测定仪、质构仪。

三、实验内容

1. 工艺流程

玉米糁→测定玉米糁水分→调湿处理→挤压机参数设定→挤压→干燥→成品

2. 操作要点

(1) 取玉米糁 2g，测量其水分含量，然后进行玉米糁原料调湿处理，加入纯净水，调整其水分含量达到 15%±1%。

(2) 设置挤压参数：温度设置分别为 60～80℃、80～100℃、100～120℃、120～140℃；螺杆转速设置分别为 40r/min、60r/min、80r/min。

(3) 将调湿的玉米糁均匀且连续地投入挤压机进料口内，注意投料不要间断。

(4) 将挤压出的玉米棒截成所需尺寸，放入烘干箱 45℃烘干 2h。

3. 成品评价

(1) 膨化率测量：使用游标卡尺测量膨化玉米棒任意 5 处位置的直径，取平均值，按照以下公式计算膨化率，考察挤压参数与膨化率的关系。

$$膨化率=\frac{玉米棒面积}{模头出口面积}\times 100\%$$

（2）质地测定：使用质构仪的TPA探头测定工艺条件下样品的脆硬度。

（3）感官评价：正常的产品应为淡黄色、松脆、密度小且连续的玉米棒。

四、问题讨论

1. 挤压机的构成及各部分的作用是什么？

2. 玉米糁在挤压过程中淀粉和蛋白质的热变性机理是什么？

3. 挤压温度和螺杆回转速率对膨化率有何影响？

4. 产品感官变化与挤压参数有何关系？

5. 感官评价分析不同工艺条件对产品的色泽、脆硬度、产品截面蜂窝的个数和大小的影响。

五、参考文献

[1] Dennis R. H. 食品加工原理. 北京：中国轻工业出版社，2001.

[2] 蒋弘. 玉米深加工项目100项. 北京：科学技术文献出版社，2002.

[3] 视频：爱课程/食品技术原理/14-3/媒体素材/蒸煮挤压食品生产线.

第三章　肉品、水产、蛋品工艺实验

实验1　腊肠的制作

一、实验原理和目的

腊肠是主要的中式香肠，以肉类为主要原料，经切、绞成丁，配以辅料，灌入动物肠衣，经成熟干制（腌渍与干燥）而成，可分为生干肠类和熟化肠类。在加工过程中，依靠硝酸盐和亚硝酸盐的发色作用，使肌红蛋白呈特殊的粉红色，并且随着干燥的进行，脂肪进行分解与氧化，产生特殊香气。另外，由于在腌制和风干成熟过程中，腊肠已脱去大部分水分，在常温下能较长时间保存而不易变质。实验目的是了解腌制过程中亚硝酸盐的发色机制，了解添加食盐、硝酸盐对微生物的抑制作用，以及腊肠的成熟干制。

二、实验材料和设备

1. 实验材料

猪肉、盐渍肠衣、食盐、硝酸盐、D-异抗坏血酸钠、蔗糖、白酒。

2. 实验设备

绞肉机、台秤、天平、案板、刀具、不锈钢罐、灌肠机（器）和烘箱。

三、实验内容

1. 工艺流程

原料肉预处理→腌制→拌馅→灌制→漂洗→烘烤→晾挂、成熟→成品

2. 参考配方

瘦猪肉700g，肥膘300g，60°白酒25g，硝酸钠0.5g，食盐20g，蔗糖60g，D-异抗坏血酸钠1g。

3. 操作要点

(1) 肠衣的准备：用温水浸泡、清洗盐渍肠衣或干肠衣，沥干水后，在肠衣一端打一死结待用。

(2) 原料肉预处理：瘦肉以新鲜猪后腿肉为主，夹心肉次之；肥肉以背膘为主，腿膘次之。将瘦肉绞成0.5～1.0cm^3的肉丁，肥肉手工切成1cm^3的肉丁后备用。

(3) 拌馅：将原料肉以瘦、肥7∶3的比例放入拌馅机中，倒入预先用少量温开水（50℃左右）溶解好的冷却配料液，适度搅拌，使肥、瘦肉丁混合均匀，静置片刻即可用以灌肠。

(4) 灌制：将搅拌好的肉馅用灌肠机灌入肠内，并进行结扎。

（5）漂洗：灌好结扎后的湿肠，放入温水中漂洗几次，洗去肠衣表面附着的浮油、盐汁等污物。然后用细针戳洞，便于排除水分和空气。

（6）烘烤：将肠体放入烘箱中进行烘烤，烘烤温度为50～60℃，每烘烤6h左右，应上下进行调头换尾，以便烘烤均匀。烘烤48h后，香肠色泽红白分明，鲜明光亮，没有发白现象，即烘制完成。

（7）晾挂成熟：烘烤后的香肠，放到通风良好的场所晾挂成熟。

4. 成品评价

（1）感官指标：肥肉呈乳白色，瘦肉呈鲜红、枣红或玫瑰红色；肠体干爽，呈完整的圆柱形，表面有自然皱纹，断面组织紧密；具有广式腊肠的特有风味。

（2）理化指标：蛋白质≥22%，脂肪≤35%，水分≤25%，食盐（以NaCl计）≤8%，总糖（以葡萄糖计）≤20%，酸价≤4mgKOH/g，亚硝酸盐（以$NaNO_2$计）≤20mg/kg。

（3）评价方法：按照SB/T 10003—1992《广式腊肠》进行评价。

四、问题讨论

1. 简述腊肠成熟过程中色泽发生变化的机制。
2. 分析腊肠耐贮藏的原因。
3. 硝酸盐在本实验中所起的作用是什么？

五、参考文献

[1] SB/T 10003—1992 广式腊肠.
[2] 南庆贤. 肉类工业手册. 北京：中国轻工业出版社，2006.
[3] 蒋爱民，南庆贤. 畜产食品工艺学. 第二版. 北京：中国农业出版社，2008.
[4] 陈野，刘会平. 食品工艺学. 第三版. 北京：中国轻工业出版社，2015.
[5] 视频：爱课程/食品技术原理/10-5/媒体素材/陆川腊肉制品.

实验2　火腿肠的制作

一、实验原理和目的

火腿肠以新鲜或解冻的畜禽肉为主要原料，辅以填充剂如淀粉、植物蛋白粉等，以及部分调味剂、香辛料、发色剂、保水剂、防腐剂等物质，采用腌制、搅拌、斩拌（或乳化）、灌肠，再经杀菌制成的肉类灌肠制品。其中，腌制和乳化在火腿肠的加工以及品质控制中起到重要作用。在腌制过程中，肌肉蛋白质由凝胶转换成溶胶。在斩拌过程中，绞碎的肉粒经过快速旋转的刀具斩细，使肉中的蛋白质溶胶充分析出，与其他成分如水分、淀粉、植物蛋白形成包裹脂肪的胶体物系，防止脂肪析出，经加热溶胶转化为凝胶，从而赋予产品较好的弹性。本实验目的是掌握火腿肠的工艺流程，理解腌制和乳化工艺的原理。

二、实验材料和设备

1. 实验材料

猪肉、肠衣、淀粉、大豆分离蛋白、食盐、硝酸钠、三聚磷酸钠、抗坏血酸钠、蔗糖、白酒、味精、胡椒粉等。

2. 实验设备

绞肉机、台秤、天平、案板、刀具、斩拌机、灌肠结扎机、打卡机和煮锅、鼓风机、冰箱。

三、实验内容

1. 工艺流程

添加淀粉、大豆分离蛋白粉等
↓
原材料准备→绞碎→低温腌制→斩拌/乳化→灌肠结扎→杀菌→干燥→成品
↑
食盐、硝酸钠、三聚磷酸钠、抗坏血酸钠等

2. 参考配方

猪后腿肉 500g，猪背膘 50g，淀粉 25g，大豆分离蛋白粉 10g，食盐 15g，硝酸钠 0.25g，味精 5g，60°白酒 2.5g，蔗糖 12.5g，胡椒粉 6g，三聚磷酸钠 1.5g，抗坏血酸钠 0.25g。

3. 操作要点

(1) 原料肉准备：将新鲜猪后腿肉剔除筋膜，切成 $5cm^3$ 肉块，在 4mm 孔径的绞肉机中绞碎。猪背膘，用绞肉机绞碎，在绞肥肉时应注意投入量不能过多，否则会出现旋转困难，造成脂肪熔化而导致脂肪分离。

(2) 低温腌制：按照配方把食盐、亚硝酸钠、三聚磷酸钠、抗坏血酸钠、蔗糖准确称量，加入绞碎的肉中混合均匀进行干腌。腌制温度 4℃，腌制 12～14h。

(3) 斩拌/乳化：加入淀粉、大豆分离蛋白粉、白酒、味精、胡椒粉等辅料，并加入物料量 10%的冰水或冰屑，利用斩拌机进行斩拌（2000r/min，3min；4000r/min，5min），以达到完全乳化。斩拌温度不超过 10℃。

(4) 灌肠：将斩拌好的肉馅充填于肠衣内，并用打卡机把灌好的肠子按照一定长度用铝丝打结。

(5) 杀菌：采用低温杀菌，在锅中 90～95℃常压煮制 30min。产品中心温度大于 73℃。

(6) 冷却干燥：杀菌后尽快用鼓风机使肠体冷却并达到表面干燥，以防两端结扎处因残存水分引起杂菌污染，出现霉变。

4. 成品评价

(1) 感官指标：外观肠体均匀饱满，无损伤，表面干净；质地组织紧密，有弹性，切片良好；风味咸淡适中，鲜香可口，具有火腿肠固有风味，无异味。

(2) 理化指标：水分≤67%，蛋白质≥11%，脂肪 6%～16%，食盐（以 NaCl 计）≤3.5%，亚硝酸盐≤30mg/kg。

(3) 评价方法：按照 GB/T 20712—2006《火腿肠》进行评价。

四、问题讨论

1. 讨论乳化工艺对火腿肠质地的重要作用？

2. 分析热加工对于火腿肠的品质的贡献？

3. 分析原辅料之间配比的合理性对火腿肠品质的影响？

五、参考文献

[1] GB/T 20712—2006 火腿肠.

[2] 蒋爱民，南庆贤．畜产食品工艺学．第二版．北京：中国农业出版社，2008.

[3] 胡建平，王雪波，姚翠．火腿肠常见质量问题．食品科技，2005，(12)：81-84.

[4] 陈野，刘会平．食品工艺学．第三版．北京：中国轻工业出版社，2015.

[5] 视频：爱课程/食品技术原理/10-5/媒体素材/西式肉制品的加工、香肠制造.

实验3　清蒸猪肉罐头的制作

一、实验原理和目的

清蒸猪肉罐头是以猪肉为原料，对肉进行热加工而制得的罐头类肉制品。其加热过程能够有效地杀灭肉制品中的微生物，提高产品安全性；促进蛋白质变性，改善肉的食用性能，易于消化吸收；产生令消费者愉悦的口感、香气、香味等物理变化并赋予制品固定的形态。本实验要求掌握清蒸肉类罐头的工艺流程，理解肉在热处理前后质构和风味的变化以及高温灭菌的原理。

二、实验材料和设备

1. 实验材料

猪肉、白砂糖、食盐、洋葱、胡椒、月桂叶。

2. 实验设备

不锈钢盘及锅、夹层锅、封罐机、电热高压杀菌锅、空气压缩机、电子秤、空罐。

三、实验内容

1. 工艺流程

原料验收→(解冻)→清洗→去毛污→处理（剔骨、去皮、整理、分段）→切块→拌料→装罐→排气封罐→杀菌冷却

2. 参考配方

猪肉 1000g，食盐 15g，胡椒 12g，洋葱 15g。

3. 操作要点

(1) 原料要求：选用合格的猪肉，肥瘦恰当。

(2) 解冻：以冷冻肉为原料时，须进行解冻。解冻后的肉应富有弹性，无肉汁析出，肉色鲜红，气味正常。

(3) 去毛污：洗除猪肉表面的污物，去除残毛、血污、糟头等；肥膘厚度控制在 1cm 左右。

(4) 切块：将整理后的肉按部位切成5cm^{3}左右的小块。

(5) 拌料：按配方将各配料加入并搅拌均匀。

(6) 装罐：肥瘦搭配合理，油和肥肉重不超过净重的30%。

(7) 排气密封：真空密封，要求真空度控制在300～400mmHg，封罐后检查封罐质量；热排气密封应先经预封，排气后罐中心温度65～75℃，密封后立即杀菌。

(8) 杀菌冷却

清蒸原汁猪肉采用高压杀菌，罐杀菌公式为：15～70min/121℃，反压冷却，反压力为0.1078～0.1275MPa。

4. 成品评价

(1) 感官指标：肉色正常，软硬适中，汤汁淡黄色或淡褐色，具有清蒸肉特有香色和滋味。

(2) 理化指标：氯化钠≤1.5%。

(3) 评价方法：按照QB/T 2786—2006《清蒸猪肉罐头》进行评价。

四、问题讨论

1. 实验中产品杀菌后为什么要采用反压冷却？
2. 罐藏制品杀菌公式的制定依据？
3. 为什么要进行反压冷却，如何改造手提杀菌釜，使之具有反压冷却功能？

五、参考文献

[1] QB/T 2786—2006 清蒸猪肉罐头.

[2] 赵晋府. 食品工艺学. 北京：中国轻工业出版社，1999.

[3] 杨邦英. 罐头工业手册. 北京：中国轻工业出版社，2002.

[4] 肖明均. 清蒸猪肉罐头加工及其研究. 肉类工业，1995，9：28-30.

[5] 视频：爱课程/食品技术原理/10-7/媒体素材/肉类罐头.

实验4　牛肉干的制作

一、实验原理和目的

牛肉干是指牛肉经预煮、切丁（条、片）、调味、浸煮、烘烤等工艺制成的干熟肉制品，牛肉干按风味可分为五香、咖喱、麻辣等，按形状可分为片状、条状、粒状等。牛肉经调味、蒸煮、烘烤等工艺加工后，其含水量达到20%以下，能够有效地抑制细菌、霉菌、酵母的生长，易于贮藏。此外，牛肉制品在经过上述加工后，形成了干制品特有的色、香、味等感官特征。实验目的在于掌握牛肉干制作的工艺流程，理解肉的水分含量对肉制品质构、感官指标以及保质期的重要作用。

二、实验材料和设备

1. 实验材料

牛肉、食盐、酱油、白糖、五香粉、黄酒、生姜、味精。

2. 实验设备

刀、砧板、切片机、不锈钢锅、电炉、烘箱、封口机、天平、台秤、水分测定仪。

三、实验内容

1. 工艺流程

原料修整→浸泡→煮沸→冷却→切片→卤煮→摊盘→烘烤→包装

2. 参考配方

牛肉 500g，食盐 12g，酱油 25g，白糖 100g，味精 16g，黄酒 15g，五香粉 2g，生姜 5g。

3. 操作要点

(1) 原料修整：采用卫检合格的牛胴体肉，修去脂肪肌膜、碎骨等。

(2) 浸泡：循环水将肉浸泡 24h，以除去血水减少膻味。

(3) 煮沸：往锅内加入生姜、茴香、水（以浸没肉块为准），煮沸后加入肉块保持微沸，至切开肉中心无血水为止，此过程需要 1～1.5h。

(4) 冷却、切片：牛肉晾透后切成 3～5mm 厚的薄片，注意应顺着肉纤维的方向切。

(5) 卤煮

① 调汤：将煮肉的汤用纱布过滤后倒入不锈钢锅内，加入酱油、白糖、五香粉、辣椒粉、自配高级调粉，煮开。

② 将肉片放锅内，120℃加热煮 20min，100℃保温 30min，煮时不断搅拌，出锅前 10min 加入味精、黄酒，出锅后放入漏盘内沥净汤汁。此过程需要 1h。

(6) 烘烤：实验采用烤箱，烘烤温度为 85～95℃，时间为 1h 左右，注意及时排除水分。

(7) 包装：分拣大小片，分别包装。

4. 成品评价

(1) 感官指标：呈片、条状，厚薄、长短一致，色泽呈棕黄色或褐色，具有特有香色和滋味。

(2) 理化指标：水分≤20%。

(3) 评价方法：按照 GB/T 25734—2010《牦牛肉干》进行评价。

四、问题讨论

1. 说明切肉下刀时与肌纤维方向平行与否对产品口感的影响。
2. 分析实验中卤煮程度对肉干最终品质的影响。
3. 说明肉干的最终水分含量与保质期之间的关系。

五、参考文献

[1] GB/T 25734—2010 牦牛肉干.

[2] 蔺毅峰. 食品工艺学实验与检验技术. 北京：中国轻工业出版社，2005.

[3] 刘学文，王文贤，冉旭，贾丽蓉. 嫩化型牛肉干的研究开发. 食品科学，2002，23 (3)：

106-108.

[4] 陈野，刘会平．食品工艺学．第三版．北京：中国轻工业出版社，2015.

[5] 视频：爱课程/食品技术原理/10-7/媒体素材/肉干、肉松、肉脯、风干牛肉．

王稳航

实验5　盐水火腿的制作

一、实验原理和目的

盐水火腿又叫西式火腿，是以瘦肉为主要原料，经腌制提取盐溶性蛋白，经机械嫩化和滚揉破坏肌肉组织结构，装模成型后蒸煮而成的低温肉制品。盐水火腿按形状不同分为圆腿和方腿，又有熏烟和不熏烟的区别。盐水火腿的特点是良好的成型性、切片性，适宜的弹性，鲜嫩的口感和较高的出品率。在腌制过程中，肌肉组织中的盐溶性蛋白充分溶出，与氯化钠、磷酸盐等所含离子相互作用从而形成高凝胶，同时加入适量的添加剂，如卡拉胶、植物蛋白、淀粉及改性淀粉，进一步提高肉糜的弹性和硬度。再经滚揉后肉中的盐溶性蛋白及其他辅料均匀地包裹在肉块、肉粒表面并填充其间，经加热变性后将肉块、肉粒紧紧粘在一起，并使产品富有弹性和良好的切片性。本实验目的是掌握盐水火腿制作的工艺流程，掌握盐水注射、真空滚揉工艺的操作要点，理解肌纤维蛋白溶出与凝胶形成机制。

二、实验材料和设备

1. 实验材料

猪后腿肉、食盐、焦磷酸钠、三聚磷酸钠、六偏磷酸钠、亚硝酸钠、异抗坏血酸钠、味精、葡萄糖、食糖、白胡椒粉、淀粉、豆蔻粉、大豆分离蛋白；肠衣、模具。

2. 实验设备

盐水注射机（器）、真空滚揉机、充填机、不锈钢锅、电炉、温度计、台秤、冰箱。

三、实验内容

1. 工艺流程

盐水制备
↓
原料选择→盐水注射→腌制滚揉→添加辅料→充填成型→蒸煮→冷却→脱模→成品

2. 参考配方

（1）腌制液：猪后腿肉5kg，食盐125g，焦磷酸钠6g，三聚磷酸钠6g，六偏磷酸钠3g，亚硝酸钠0.5g，异抗坏血酸钠2g，味精2.5g，葡萄糖2.5g，白糖4.5g，水1kg。

（2）辅料：白胡椒粉12.5g，淀粉150g，豆蔻粉2.5g，大豆分离蛋白粉100g。

3. 操作要点

（1）原料选择：选用结缔组织和脂肪组织少而结着力强的背肌和腿肉，如猪后腿肉。

（2）盐水制备：把按比例配制的各种辅料投入容器中，搅拌至充分溶解而制成腌制用盐水混合液。混合液的温度保持在7～8℃。

（3）盐水注射：将上述腌制液用盐水注射机（器）注入肉中，其注射量为原料肉的20%。

（4）腌制滚揉：用真空滚揉机间歇滚揉，每小时滚揉20min，正转10min，反转10min，停机40min，腌制24h。腌制结束前加入适量淀粉、大豆分离蛋白、白胡椒粉和豆蔻粉等，再滚揉30min。腌制期间温度控制在4℃以下。

（5）充填成型：将腌制好的原料肉通过充填机压入动物肠衣或胶质及塑料肠衣中，用U形铁丝和线绳结扎后即成圆火腿；或将灌装后的圆火腿装入不锈钢模具挤压成方火腿。

（6）蒸煮：把填充的圆火腿或方火腿放入不锈钢锅内，用75～78℃的水煮制。中心温度达60℃时，再煮20min即可出锅。

（7）冷却：将产品连同模具一起放入冷却槽，由循环水冷却至室温，然后在2℃冰箱冷却至中心温度为4～6℃，即可脱模、包装，在0～4℃下冷藏。

4. 成品评价

（1）感官指标：外表光洁，无黏液，无污垢，无破损，呈粉红色或玫瑰红色，均匀一致，组织致密，有弹性，无汁液流出，滋味咸淡适中。

（2）理化指标：亚硝酸盐（以$NaNO_2$计）≤70mg/kg，复合磷酸盐（以磷酸盐计）≤8.0g/kg。

（3）评价方法：按照SB/T 10280—1997《熏煮火腿》进行。

四、问题讨论

1. 滚揉在盐水火腿加工中起什么作用？滚揉工艺要点有哪些？
2. 分析加工过程中对产品和环境的温度控制的必要性。
3. 如何协调产品的持水性和质地之间的关系？

五、参考文献

[1] SB/T 10280—1997 熏煮火腿.
[2] 南庆贤. 肉类工业手册. 北京：中国轻工业出版社，2006.
[3] 陈野，刘会平. 食品工艺学. 第三版. 北京：中国轻工业出版社，2015.
[4] 视频：爱课程/食品技术原理/10-5/媒体素材/盐水火腿.

王稳航

实验6 冷冻鱼糜的制作

一、实验原理和目的

冷冻鱼糜是将原料鱼经过采肉、漂洗、脱水后，加入糖类、磷酸盐等阻止蛋白质冻结变性的添加剂，在低温下能较长时间保藏的产品，广泛用于生产各种调理食品，如鱼丸、鱼糕、鱼饼、鱼肉火腿、鱼香肠等产品。鱼体肌肉组织经过漂洗后去除其水溶性蛋白成分及其他杂质，添加盐分后，肌球蛋白和肌动蛋白从组织中脱离出来，通过斩拌或擂溃使溶出的纤维状盐溶性蛋白相互作用形成高黏凝胶体系——鱼糜。肌动球蛋白长时间放置后会自动凝固，为了避免在加工成型之前发生自动凝固现象，分离出的鱼肉原料应尽可能在最短时间内冻结。冷冻鱼糜的冻藏温度要在－25℃以下，并要求冻藏温度稳定。本实验要求理解冷冻鱼糜制作中蛋白质分离与凝胶化操作的原理和方法。

二、实验材料和设备

1. 实验材料

新鲜鱼、食盐、白砂糖、山梨醇、多聚磷酸盐（食用级）。

2. 实验设备

采肉刀具、压力精滤器、小型离心机、斩拌机、超低温冰箱、塑料热合封口机。

三、实验内容

1. 工艺流程

原料鱼→前处理→水洗→采肉→漂洗→精滤→脱水→斩拌或擂溃→冻结

2. 参考配方

鱼糜 1000g，白砂糖 40g，山梨醇 40g，食盐 2.5g，多聚磷酸盐 0.2～0.3g。

3. 操作要点

（1）前处理：鱼体去头、去内脏，同时除去附在腹腔内侧的黑膜。处理好的鱼及时加入足够的碎冰，控制温度上升，防止鱼体鲜度下降。

（2）水洗：充分洗净鱼体表面和腹腔内的污物，用冷水或加碎冰降低水温。鱼体浸泡时间不能过长，洗涤用水含氯浓度为 50mg/kg。

（3）采肉和漂洗：用采肉刀具取肉。漂洗出鱼皮、浸出物、水溶性蛋白质等，使制品颜色变白、增加弹性。鱼肉与水的比例为 1∶(5～10)，慢速搅拌 8～10min，然后静置 5～10min 去掉上层杂物和清液，水温保持 5～8℃。第 2 次漂洗时加入 0.1%～0.3% 的食盐溶液。

（4）精滤：漂洗的碎鱼肉中还含有细刺、鱼鳞等，用压力精滤器（网孔直径约 0.8mm）除去这些杂质。保持鱼浆温度在 10℃以下。

（5）脱水：精滤好的鱼浆进入离心机内进行脱水，使水分不超过 78%。

（6）斩拌：冷冻鱼糜制造技术的关键是鱼肉在斩拌或擂溃时，要添加蛋白质冷冻变性防止剂。常用的冷冻变性防止剂有砂糖和山梨醇等糖类、多聚磷酸盐等。操作方法是在脱水鱼肉中加入 4%白砂糖、4%山梨醇、2.5%食盐和 0.2%～0.3%的多聚磷酸盐，用斩拌机慢速斩拌 1min，然后快速斩拌 2～3min。在斩拌过程中向鱼糜中加入适量碎冰，使鱼糜温度控制在 10℃左右。

（7）冻结：将混匀后的鱼糜按规格要求用聚乙烯塑料袋进行定量包装，包装时应尽量排除袋内的空气，以防止氧化。冷冻鱼糜应尽可能在最短时间内冻结。有条件的应使用平板冻结机，实验室可使用超低温冰箱，冰冻环境温度为－35℃，时间为 4h 左右，使鱼糜中心温度达到－24℃。冷冻鱼糜的品温越低，越有利于长期保藏，所以冷冻鱼糜的冻藏温度要在

−25℃以下，并要求冷库温度稳定。

4. 异常工艺条件的设计

（1）不同漂洗温度对鱼糜品质的影响。

（2）不同漂洗时间对鱼糜品质的影响。

（3）不同斩拌时间对鱼糜品质的影响。

（4）不同食盐添加量对鱼糜品质的影响。

5. 成品评价

（1）感官要求

项　目	要　求
色泽	白色、类白色
形态	解冻后呈均匀柔滑的糜状
气味及滋味	具新鲜鱼类特有的、自然的气味、无异味
杂质	无外来夹杂物

（2）理化指标

项　目	指　标							
	SSA级	SA级	FA级	AAA级	AA级	A级	AB级	B级
凝胶强度/g·cm	≥700	≥600	≥500	≥400	≥300	≥200	≥100	<100
杂点/(点/5g)	≤10		≤12		≤15		≤20	
水分/%	≤76.0			≤78.0			≤80.0	
pH	6.5～7.4							
产品中心温度/℃	≤−18.0							
白度*	符合双方约定							
淀粉	不得检出							

* 根据双方对产品白度约定的要求进行。

（3）评价方法：按照SC/T 3702—2014《冷冻鱼糜》进行评价。

四、问题讨论

1. 各组分在鱼糜中的作用是什么？

2. 讨论鱼糜生产过程中温度控制的重要性。

五、参考文献

[1] SC/T 3702—2014冷冻鱼糜.

[2] Jae W. Park. Surimi and Surimi Seafood. 2nd Ed. New York，CRC Press，2005.

[3] 李复生，卢勇泽. 冷冻鱼糜加工工艺研究. 中国水产，2006，1：71-72.

[4] 视频：爱课程/食品技术原理/10-8/媒体素材/鱼糜制品的加工.

郑捷

实验 7　模拟蟹肉的制作

一、实验原理和目的

模拟蟹肉是指以鱼肉或冷冻鱼糜为主原料，添加食盐，擂溃后加天然蟹肉抽提物、蟹肉香精、辅助调味料混合均匀，经成形设备制成具有蟹肉风味和纤维状集束结构的蟹腿肉形状，再经过加热使之凝胶化，形成具有弹性的鱼糜制品。鱼糜凝胶化现象是因为盐溶性蛋白充分溶出后，其肌动球蛋白在受热后高级结构解开，在分子之间通过氢键相互缠绕形成纤维状大分子而构成稳定的网状结构。由于肌球蛋白在溶出过程中具有极强的亲水性，因而在形成的网状结构中包含了大量的游离水分，在加热形成凝胶以后，就构成了比较均匀的网状结构而使制品具有较强的弹性。模拟蟹肉具有蟹肉的鲜味，表皮有蟹红色，肉洁白，弹性佳，营养丰富，是一种很受欢迎的方便食品。本实验要求掌握模拟蟹肉制作的基本工艺和配方，理解模拟蟹肉制作的基本原理和产品质量评价的方法。

二、实验材料和设备

1. 实验材料

冷冻鱼糜、精制淀粉、蟹味素、精制食盐、味精、水、碎冰。

2. 实验设备

冷冻机、鱼糜蒸烤成形机及配套设备、斩拌机、蒸汽箱、火烤箱、切断机。

三、实验内容

1. 工艺流程

冷冻鱼糜→解冻→斩拌擂溃→涂片→蒸煮→火烤→冷却→轧条纹→成卷→涂色→包装→切段→蒸煮→冷却→切小段→真空包装→平板速冻→成品

2. 参考配方

(1) 冷冻带鱼鱼糜 1000g，食盐 25g，味精 8g，马铃薯淀粉 40g，玉米淀粉 20g，淀粉 5g，蛋清 100g，甘氨酸 10g、天然海蟹肉 100～200g，蟹汁 15mL，蟹肉香精 10mL，冰水 300mL，蟹色素 1.23g（胭脂红 0.02g、食用红 0.01g、丙二醇 1.2g）。

(2) 冷冻带鱼鱼糜 1000g，食盐 25g，味精 10g，淀粉 60g，蛋清 100g，甘氨酸 20g，丙氨酸 5g，蟹汁 15mL，蟹肉香精 10mL，冰水 300mL，蟹色素 1.23g（胭脂红 0.02g、食用红 0.01g、丙二醇 1.2g）。

(3) 冷冻鱼糜 1000g，食盐 25g，味精 8g，淀粉 40g，蛋清 80g，甘氨酸 20g，丙氨酸 10g，蟹汁 20mL，冰水 300mL，蟹色素 1.23g（胭脂红 0.02g、食用红 0.01g、丙二醇 1.2g）。

3. 操作要点

(1) 冷冻鱼糜的解冻：解冻工序必须严格控制，避免过度解冻，解冻程度宜掌握在半解冻状态下。把处于半解冻状态的冷冻鱼糜切成小块，用绞肉机绞碎，绞肉的作用是缩短解冻时间和破坏鱼肉组织，以利于擂溃时盐溶性肌原蛋白的溶出。

（2）斩拌擂溃：模拟蟹肉生产一般采用高速斩拌机进行斩拌擂溃，擂溃是生产模拟蟹肉的最关键工序，擂溃过程要严格控制温度，温度一般设置为5～10℃。擂溃过程鱼糜温度不能超过10℃，温度太高会导致鱼肉蛋白质变性；但温度也不可太低，温度低于0℃时加入精盐会使鱼肉再次冻结成块，影响擂溃效果和鱼糜质量。擂溃分空擂、盐擂和味擂三个阶段。

① 空擂：将解冻好的冷冻鱼糜放入擂溃机中，擂溃5～15min，进一步破坏鱼肉组织。

② 盐擂：空擂后添加2%～3%的精盐，继续擂溃20～30min，此时鱼肉逐渐变得黏稠，鱼肉中的盐溶性蛋白渐渐溶出，这一过程叫盐擂。盐擂工序对蟹饼的弹性形成极为重要。

③ 味擂：盐擂后加入白砂糖、淀粉等辅助材料，继续擂溃10～15min。总擂溃时间为35～50min，擂溃时间不够，则盐溶性蛋白溶出少，弹性形成能力差，擂溃时间太长，则鱼肉温度升高，导致肌动球蛋白热变性，影响蟹饼弹性的形成。一般情况下，擂溃时间每增加5min，鱼肉温度就会升高1℃左右。

（3）涂片：对擂溃好的鱼糜进行涂片，涂成厚1.5mm、宽为120mm的薄带状。

（4）蒸煮、火烤：薄带状的鱼糜送入蒸汽箱中，经温度90℃、时间30s的蒸汽加热，使鱼糜涂片凝胶化，此蒸煮工序的目的为鱼糜涂片定型而非蒸熟。之后将鱼糜涂片放入火烤箱，进行火烤干热，时间为40s，火苗距鱼糜涂片约3cm。

（5）冷却：薄带状的鱼糜经蒸煮、火烤后开始自然冷却，冷却时间一般为2min左右，冷却后的温度在35～40℃，冷却使涂片富有弹性。

（6）轧条纹：用带条纹的轧辊（螺纹梳刀）将鱼糜涂片切成每条宽为1mm左右的条纹，深度为1mm。

（7）成卷：将轧了条纹的鱼糜涂片卷成卷状，卷层一般为四层。

（8）涂色：将色素涂在鱼糜卷的表面，约占总表面积的2/5～1/2，所用色素的颜色要与蟹的红色素相似。可采用直接涂在鱼糜卷表面或涂在包装薄膜上，当薄膜包在鱼糜卷表面时，色素即可附着在制品的表面上。色素的配制方法：食用红色素16g，食用棕色素1g，鱼糜200g，水190g，搅拌均匀后稍呈黏稠状涂用。

（9）薄膜包装：用厚度为0.02mm的聚乙烯薄膜将鱼糜卷包装起来，薄膜为带状，包装并热合缝口。

（10）切段：将包装了薄膜的鱼糜卷切成每段为50cm长的段，整齐地装在干净的塑料箱中，以备第二次蒸煮。

（11）蒸煮：采用蒸箱进行蒸煮，蒸煮温度为98℃，时间18min；或采用80℃，时间则为20min。

（12）冷却：蒸煮好的制品用18～19℃的清水喷淋冷却，时间为3min，水冷却后的制品温度为33～38℃，然后再使用冷柜进行冷却，冷却时间为7min，冷却完成时制品温度为21～26℃。

（13）切小段：冷却后的制品按产品包装要求由切段机切成一定长度的段，多数产品段长取10cm左右。

（14）真空包装：用厚度为0.04～0.06mm的聚乙烯薄膜袋按产品包装要求装入一定数量的制品小段，由真空封口机自动包装封口。

（15）速冻、冷藏：将袋装制品放入速冻机内速冻，冻结温度为－40℃，时间为2h（或－35℃、3～4h），使制品中心温度降至－20℃，并要求在－20℃以下低温贮藏。冷藏库的温度要保持相对稳定。如果冷藏库温度波动大，则抑制冷冻变性的效果就差，加上出现冰晶长大现象，模拟蟹肉质量就会下降。

4. 成品评价

（1）感官要求

项　目	要　求
冻品外观	包装袋完整无破损、不漏气，袋内产品形状良好，个体大小基本均匀、完整、较饱满，排列整齐，模拟制品应具有特定的形状
色泽	模拟蟹肉正面和侧面要有蟹红色、肉体和背面色泽白度较好
肉质	口感爽，肉滑，弹性较好，10 分评定法≥6 分
滋味	模拟蟹肉要有蟹肉特有的鲜味，味道较好，10 分评定法≥6 分
杂质	允许有少量 2mm 以下的小鱼刺或鱼皮，但不允许有鱼骨、鱼皮以外的夹杂物

（2）理化指标

项　目	指　标
失水率/%	≤6
淀粉/%	≤10
水分/%	≤82
净含量负偏差/%	≤3

（3）评价方法：按照 SC/T 3701—2003《冻鱼糜制品》进行评价。

四、问题讨论

1. 擂溃过程为什么要严格控制温度？一般要求擂溃的温度是多少？温度过高或过低对模拟蟹肉制品品质有什么影响？

2. 为什么要进行两次蒸煮？两次蒸煮的目的有何不同？

3. 成品为什么进行真空包装？真空包装的原理是什么？

五、参考文献

[1] SC/T 3701—2003 冻鱼糜制品．

[2] Jae W. Park. Surimi and Surimi Seafood. 2nd Ed. New York，CRC Press，2005.

[3] 刘庆营．模拟蟹肉的加工工艺．水产加工，2007（2）：53.

[4] 杨贤庆，李来好，徐泽智．冻模拟蟹肉加工技术．制冷，2002，21（2）：67-69.

[5] 视频：爱课程/食品技术原理/10-8/媒体素材/模拟蟹肉的加工、鱼糜制品的加工．

郑捷

实验 8　咸蛋的制作

一、实验原理和目的

咸蛋主要利用食盐腌制而成。腌制过程中，食盐渗入蛋中，使蛋清产生盐溶而逐渐变成稀薄的蛋液，呈水状；蛋黄在渗透压作用下水分渗出，逐渐凝固、硬化，形成出油、起沙状，这是由于蛋黄脱水和盐含量的增加诱导低密度脂蛋白结构改变，使蛋黄释放游离脂质。

食盐溶液产生的高渗透压促使微生物细胞内的水分析出，从而抑制了微生物的生长发育，延缓蛋的腐败变质，同时食盐可以降低蛋内蛋白酶的活性，延缓蛋内容物的分解变化，从而延长蛋的保藏期。本实验要求掌握咸蛋的加工原理，熟悉其工艺流程，并了解操作要点。

二、实验材料和设备

1. 实验材料

鸭蛋、食盐。

2. 实验设备

腌制缸、蒸煮锅、温度计。

三、实验内容

1. 工艺流程

鲜鸭蛋→检验、洗蛋→料液浸泡→出缸清洗→蒸煮→成品

2. 参考配方

以 100 个鸭蛋为例，食盐 6kg，水 8kg。

3. 操作要点

(1) 料液配制：将 5kg 食盐溶解于 8kg 开水中，放至常温，备用。

(2) 检验、洗蛋：应选择新鲜的鸭蛋，剔除裂纹蛋、水响蛋、粘壳蛋、畸形蛋和异味蛋等，将挑选好的鸭蛋清洗干净。

(3) 料液浸泡：将鸭蛋浸泡于盐水中，浸泡期间→需要在料液表面盖上海绵垫让最上层漂浮的蛋完全浸没在料液中，再把剩余的 1kg 食盐压在海绵垫上方，室温放置 30d。

(4) 出缸清洗：将腌制好的鸭蛋放入清水中，清洗掉表面多余的食盐。

(5) 蒸煮：将鸭蛋放入蒸煮锅内，100℃蒸煮 15min，自然冷却后即得成品。

4. 质量鉴定

(1) 透视检验：抽取腌制到期的咸蛋，洗净后放到照蛋器上，用灯光透视检验。腌制好的咸蛋透视时，蛋内澄清透光，蛋白清澈如水，蛋黄鲜红并靠近蛋壳。将蛋转动时，蛋黄随之转动。

(2) 摇振检验：将咸蛋握在手中，放在耳边轻轻摇动，感到蛋白流动，蛋黄如珠状碰击蛋壳，并有拍水的声响是成熟的咸蛋。

(3) 除壳检验：取咸蛋样品，洗净后打开蛋壳，倒入盘内，观察其组织状态，成熟良好的咸蛋，蛋白与蛋黄分明，蛋白呈水样，无色透明，蛋黄坚实，指压即裂开，呈橙红色。

(4) 煮制剖视：品质好的咸蛋，煮熟后蛋壳完整，煮蛋的水洁净透明，煮熟的咸蛋，用刀沿纵面切开观察，成熟的咸蛋蛋白鲜嫩洁白，蛋黄坚实，周围有露水状的油滴，品尝时咸淡适中，蛋黄起沙，鲜美可口。

(5) 卫生指标：沙门氏菌不得检出；菌落总数$\leqslant 10^5$ CFU/g，大肠菌群$\leqslant 10^2$ CFU/g；Pb（以 Pb 计）$\leqslant$0.2mg/kg；Cd（以 Cd 计）$\leqslant$0.5mg/kg；Hg（以 Hg 计）$\leqslant$0.5mg/kg；污染物限量应符合 GB 2763—2014《食品安全国家标准　食品中农药最大残留限量》。

四、问题讨论

1. 哪些措施可以延长咸蛋的保质期?

2. 咸蛋的蛋黄为何出油、起沙?

五、参考文献

[1] GB 2749—2015 蛋与蛋制品.

[2] Q/GSG 0028 S—2010 咸鸭蛋.

[3] 张钟，李先保，杨胜远. 食品工艺学实验. 郑州：郑州大学出版社，2012.

[4] 周宏光. 畜产品加工学. 北京：中国农业出版社，2002.

[5] 马美湖. 蛋与蛋制品加工学，北京：中国农业出版社，2007.

[6] Kaewmanee T，Benjakul S，Visessanguan W. Changes in chemical composition，physical properties and microstructure of duck egg as influencedby salting. Food Chemistry，2009，112，560-569.

[7] 视频：爱课程/食品技术原理/10-5/媒体素材/咸蛋、松花蛋的制作技术.

刘会平

实验 9　皮蛋的制作

一、实验原理和目的

皮蛋是以新鲜鸭蛋或其他禽蛋为原料，经由纯碱、氢氧化钠、食盐、茶叶等辅料配成的料液或料泥加工而成的产品，又称松花蛋。料液或料泥中的碱性物质从蛋壳外渗透到蛋清和蛋黄中，致使蛋白质分解，凝固并放出少量的硫化氢。渗入的碱进一步与蛋白质分解出的氨基酸发生中和反应，生成不溶性氨基酸盐。这些不溶性氨基酸盐与 $Mg(OH)_2$ 共同以几何形状结晶出来，形成松花。硫化氢则与蛋黄和蛋清中的铁、铜等矿物元素作用生成硫化物，而使蛋清呈茶棕色，蛋黄呈墨绿色及黑色层纹状结构。食盐可使皮蛋收缩离壳，增加口感和防腐等。加入食品级硫酸铜或硫酸锌，便于碱液渗透的控制和成品蛋色泽的形成。本实验要求掌握皮蛋的制作原理，熟悉加工方法和操作要点。

二、实验材料和设备

1. 实验材料

鸭蛋、纯碱、氢氧化钠、食盐、茶叶、硫酸铜（或硫酸锌)、水、液体石蜡。

2. 实验设备

蒸煮锅、腌制缸、温度计、pH 计。

三、实验内容

1. 工艺流程

原料处理→料液检验

↓

选蛋入缸→料液浸泡→出缸清洗→晾晒干燥→涂膜→成品

2. 参考配方

以加工 100 个鸭蛋为例，纯碱 40g，食品级氢氧化钠 330g，食盐 380g，红茶末 100g，食品级硫酸铜 25g，水 6.5kg。

3. 操作要点

（1）原料处理：按原料配比将茶叶末加热煮沸，加入食盐、纯碱，搅拌均匀后加入氢氧化钠，最后加入硫酸铜，充分搅匀后静置冷却至室温。

（2）选蛋入缸：应选择新鲜的鸭蛋，剔除裂纹蛋、水响蛋、粘壳蛋、畸形蛋和异味蛋等。

（3）料液浸泡：将料液加入缸内（温度控制：冬季为 19～20℃；夏季为 25～28℃；春季、秋季为 17～18℃）。浸泡期间需要在料液表面盖上塑料膜或者海绵垫让最上层漂浮的蛋完全浸没在料液中；腌制缸在化清期不得移动，以免影响蛋的凝固（化清期是鲜蛋遇碱所发生的第一个明显变化，蛋白由原来的黏稠状态变成稀薄透明的水样，蛋黄有轻微的凝固现象）。浸泡时间根据温度的高低和纯碱、氢氧化钠的比例用量确定，一般为夏季 24～28d；春、秋、冬季需 30d 以上。蛋入缸后每隔 10d 检查 1 次，出缸时再检查 1 次。

第 1 次检查：检查蛋白的凝固情况。检查方法：取样蛋 3 个，用光照透视，若蛋白似黑贴皮，说明蛋白凝固不动，属正常，不用动；若蛋白像鲜蛋一样，料液中碱量不够，应予补充；若蛋白全部发黑，料液太浓，要用冷茶水稀释。

第 2 次检查：剥开蛋壳，如蛋白表面光洁，褐黄中带青，全部上色，说明情况正常。

第 3 次检查：如剥开蛋壳见蛋白烂头，粘壳，则碱性太强，要提前出缸；若蛋白软化不坚实，则碱性不够，需延长浸泡时间。

第 4 次检查：用光照透视检查，若全蛋呈灰黑色，尖端为红色或橙色，剥开蛋壳见蛋白凝固，不粘壳，呈黑绿色，蛋黄呈绿褐色，蛋白中心较小，皮蛋成熟，应及时出缸，避免老化。

（4）出缸清洗：皮蛋出缸时用冷开水或浸泡料液中的上层清液，洗掉粘在皮蛋上的污物和茶叶末。

（5）晾晒干燥：将清洗后的皮蛋沥水晾干。

（6）涂膜保存：将晾干后的皮蛋涂上液体石蜡膜，置于阴凉干燥处保存。

4. 成品评价

（1）感官指标：外观不应有霉变，蛋壳清洁完整，敲摇时无水响声；蛋体完整，有光泽，掂动有弹性，不粘壳；有松花或花纹、呈溏心，可有大溏心、小溏心、硬心；蛋白呈半透明的青褐色、棕色或不透明的深褐色、透明的黄色，蛋黄呈墨绿色或绿色；具有皮蛋应有的气味和滋味，无异味，可略带辛辣味。

（2）理化指标：pH（1∶15 稀释）≥9.0，铅（以 Pb 计）≤0.5mg/kg。

（3）评价方法：按照 GB/T 9694—2014《皮蛋》进行评价。

四、问题讨论

1. 通过测定不同阶段样品 pH 说明加碱量对皮蛋质量的影响。

2. 简述料液处理对皮蛋腌制质量的影响。

3. 阐述无铅皮蛋与传统皮蛋在配料上的区别。

五、参考文献

[1] GB/T 9694—2014 皮蛋.
[2] 司俊玲. 蛋制品加工技术. 北京：化学工业出版社，2007.
[3] 马美湖. 蛋与蛋制品加工学. 北京：中国农业出版社，2007.
[4] 张献伟，郭善广. 锌铜法加工无铅皮蛋技术. 食品与机械，2011，(2)：149-152.
[5] 视频：爱课程/食品技术原理/10-5/媒体素材/咸蛋、松花蛋的制作技术.

刘会平

实验 10　蛋黄酱和沙拉酱的制作

一、实验和目的

蛋黄酱是以精炼植物油、食醋、鸡蛋黄为基本成分，通过乳化制成的半流体食品。蛋黄酱属于油在水中型（O/W）的乳化物中，内部的油滴分散在外部的醋、蛋黄和其他组分之中。蛋黄在该体系中发挥乳化剂的作用，醋、盐、糖等除调味的作用以外，还在不同程度上起到防腐、稳定产品的作用。沙拉酱是以改性淀粉、黄原胶等原料部分或全部替代蛋黄，经调味乳化后制成的产品。本实验要求通过学习蛋品基料制备过程，了解搅拌乳化及调和稳定技术，进行黏度和品质检测，观察稳定性；理解油包水型乳化的原理和食品保藏栅栏技术的概念，掌握蛋黄酱和沙拉酱工艺。

二、实验材料和设备

1. 实验材料

蛋黄、色拉油、食用白醋、糖、柠檬酸、芥末粉、改性淀粉、黄原胶。

2. 实验设备

混料罐、加热锅、打蛋机、胶体磨、塑料热合封口机、温度计、旋转黏度计、色差计、pH 计、天平。

三、实验内容

1. 工艺流程

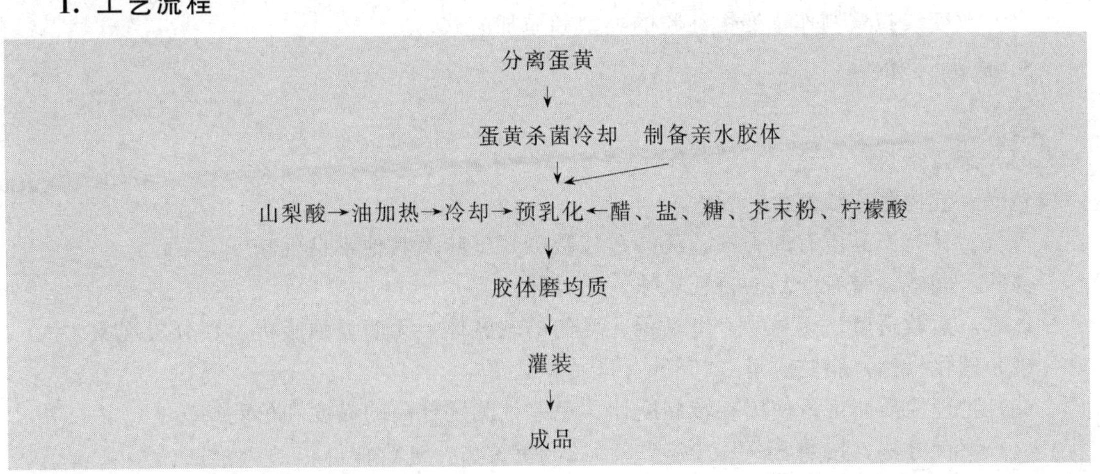

2. 参考配方

(1) 蛋黄酱 (1000g): 蛋黄 150g, 精炼植物油 790g, 食用白醋 (醋酸 4.5%) 20mL, 砂糖 22g, 食盐 9g, 山梨酸 2g, 柠檬酸 2g, 芥末粉 5g。

(2) 沙拉酱 (1500g): 全蛋 100g, 精炼植物油 475g, 食用白醋 (醋酸 4.5%) 30mL, 糖 85g, 食盐 10g, 柠檬酸 2g, 芥末粉 5g, 改性淀粉 20g, 黄原胶 3g, 水 270mL。

3. 操作要点

蛋黄酱:

(1) 加热精炼植物油至 60℃, 加入山梨酸, 缓缓搅拌使其溶于油中, 呈透明状冷却至室温待用。

(2) 鸡蛋除去蛋清, 取蛋黄打成匀浆, 水浴加热至 60℃, 在此温度下保持 3min, 以杀灭沙门氏菌, 冷却至室温待用, 如果使用巴氏杀菌的商品蛋黄, 可以省略此步骤。

(3) 用打蛋机搅打蛋黄, 加入二分之一的醋, 边搅拌边加入油, 油的加入速度不大于 100mL/min (总量为 1000g), 直至搅打成淡黄色的乳状物。随后加入剩余的醋等成分, 搅打均匀。

(4) 均质乳化: 胶体磨要冷却到 10℃以下, 经胶体磨均质成膏状物。使用玻璃瓶或尼龙/聚乙烯复合袋包装, 封口后即得成品。

沙拉酱:

(1) 改性淀粉预乳化: 将改性淀粉与 100g 油充分混合均匀, 备用。

(2) 将干混糖、食盐、柠檬酸、黄原胶、芥末粉充分混匀备用。

(3) 用打蛋机充分搅打全蛋和醋, 然后缓慢加入混粉末。

(4) 边搅拌边缓慢加入油, 油的加入速度不大于 100mL/min (总量为 375g)。

(5) 边搅拌边缓慢加入变性淀粉与油的混合物, 搅打均匀。

(6) 均质乳化: 胶体磨要冷却到 10℃以下, 经胶体磨均质成膏状物。

(7) 使用玻璃瓶或尼龙/聚乙烯复合袋包装, 封口后即得成品。

4. 异常工艺条件的实验设计

(1) 提高油的加入速度。

(2) 提高打蛋机的搅打速度。

(3) 改变沙拉酱制作中水的加入顺序和速度。

(4) 改变沙拉酱制作中变性淀粉的类型和添加方式。

5. 成品评价

蛋黄酱:

(1) 感官指标

色泽: 乳白色或淡黄色。

香气: 具有产品应有的香气, 无酸败 (哈喇) 气味及其他不良气味。

滋味: 酸咸并带有产品的特征风味, 无异味。

体态: 柔软适度, 无异物, 呈黏稠、均匀的软膏体, 无明显油脂析出、分层现象。

(2) 理化指标: 脂肪含量≥65%, pH≤4.2。

(3) 物理性质测定: 使用旋转黏度计、色差计测定样品的黏度和色差。

(4) 评价方法: 按照 SB/T 10754—2012《蛋黄酱》进行评价。

沙拉酱：

（1）感官指标

色泽：乳白色或淡黄色。

香气：具有沙拉酱应有的香气。

滋味：酸咸或酸甜味，无异味。

体态：细腻均匀一致，明显分层。

（2）理化指标：脂肪含量≥10%，pH≤4.3。

（3）物理性质测定：使用旋转黏度计、色差计测定样品的黏度和色差。

（4）评价方法：按照 SB/T 10753—2012《沙拉酱》进行评价。

四、问题讨论

1. 各组分在蛋黄酱中的作用是什么？
2. 乳化的操作条件对蛋黄酱产品的质量有何影响？
3. 蛋黄酱依靠什么防止微生物引起腐败，保持产品的稳定性？
4. 在蛋黄酱的工业化生产中，应选用什么设备？

五、参考文献

[1] SB/T 10754—2012 蛋黄酱.

[2] SB/T 10753—2012 沙拉酱.

[3] 严泽湘. 调味品加工大全. 北京：化学工业出版社，2015.

[4] 森孝夫. 食品加工学実験書. 京都：化学同人，2003.

[5] 尚丽娟. 蛋黄酱和沙拉酱. 农产品加工，2014，01：38-39.

[6] 视频：爱课程/食品技术原理/13-1/媒体素材/蛋黄酱和沙拉酱.

汪建明

第四章　乳品、豆品工艺实验

实验1　牛乳的超高温灭菌与无菌包装

一、实验原理和目的

液体物料的超高温灭菌与无菌灌装是其在连续流动的状态下，通过热交换器加热至135～150℃，保持2～7s，使其达到商业无菌的水平；产品冷却后灌装于无菌包装容器中，以使产品能够在非冷藏条件下进行分销。本实验要求学生认识超高温灭菌牛乳的一般生产过程及影响超高温灭菌乳质量的主要因素；理解灭菌温度和保温时间对牛乳质量的影响；掌握原料乳质量对超高温灭菌乳质量的影响，根据牛乳的特性及采用的加工方法，提出保证产品质量的稳定控制措施，基本掌握高温瞬时灭菌机、均质机和无菌填充室的操作方法。

二、实验材料和设备

1. 实验材料

新鲜牛乳、脱脂乳、稀奶油。

2. 实验设备

牛乳罐、真空脱气机、均质机、高温瞬时灭菌机、无菌填充室、乳成分分析仪；玻璃瓶、灭菌锅、过滤网、纱布、台秤、天平、量筒、汤勺、温度计。

三、实验内容

1. 工艺流程

空瓶→泡瓶→刷瓶→冲瓶→灭菌→检瓶
↓
原料乳→预热→标准化→净乳→脱气→均质→UHT灭菌→无菌填充
↑　　　　　　　　　　　　　　　　　　　　↓
脱脂乳、稀奶油　　　　　　　　　　　　　成品←检验

2. 操作要点

(1) 原料准备

对采购的原料乳进行检验。

感官指标：正常乳为乳白色或微黄色，无肉眼可见的异物和异常气味。

生理化指标：脂肪≥3.1%，蛋白质≥2.8%。

细菌指标：无致病细菌，细菌含量＜250μg/mL。

检验方法：按照 GB 19301—2010《生乳》进行检验。

（2）标准化

为了使产品合乎规格，乳制品中脂肪与非脂乳固体含量之间要求保持一定的比例。执行标准为 GB 25190—2010《灭菌乳》，脂肪≥3.10%，蛋白质≥2.8%。

① 预热：预热温度为 50～55℃。

② 标准化：添加脱脂乳（原料乳脂肪含量偏高时）或稀奶油（原料乳脂肪含量不足时）进行调整。

③ 净乳：采用过滤网并铺上多层纱布进行过滤。

（3）UHT 工艺

① 预热：超高温灭菌工艺段预热温度为 65～75℃。

② 均质：均质温度为 70～75℃，均质总压力为 250atm，其中二级压力到总压力的 10%，再设定一级压力到总压力。

③ UHT 灭菌：要求 137～142℃，4s。

④ 冷却：调节冷却水（温度 15℃）的流量，控制冷却牛乳温度至室温。

（4）无菌填充室

① 无菌室灭菌：打开无菌填充室的离子发生器和紫外灯，然后打开风机，净化填充室内空气。

② 灌装：将经过灭菌的玻璃瓶放入无菌填充室中，待灌装口流出的物料合格后，将缓存罐气动阀开关拨至脚控或定时挡，进行灌装，填充好的牛乳，在填充室内封盖。

（5）成品评价

① 评价样品的色泽、滋味、气味、组织状态。

② 测定样品的脂肪、蛋白含量。

③评价方法：按照 GB 25190—2010《灭菌乳》进行评价。

四、问题讨论

1. 超高温灭菌牛乳工艺有哪些影响因素？
2. 均质对超高温灭菌牛乳有什么影响？
3. 工业生产的流程和设备与实验室有何不同？

五、参考文献

[1] GB 19301—2010 生乳.

[2] GB 25190—2010 灭菌乳.

[3] 郭成宇. 现代乳品工程技术. 北京：化学工业出版社，2004.

[4] 武建新. 乳品技术装备. 北京：中国轻工业出版社，2000.

[5] Lund. Dairy Processing Handbook. Sweden：Tetra Pak Processing Systems AB，2003.

[6] 于维军，王瑞强，赵庆江. 超高温灭菌乳的主要质量问题及控制措施. 中国乳品工业，2006，34（06）：55-57.

[7] 视频：爱课程/食品技术原理/9-4/媒体素材/牛乳超高温杀菌与无菌包装实验.

孔宇

实验2 全脂乳粉的制作

一、实验原理和目的

全脂乳粉以牛乳为原料，经杀菌、浓缩、干燥制成的粉状产品。原料乳的含水率一般为87.5%～88.5%，为了提高干燥效率，增加乳粉的分散性和冲调性，需要将原料乳真空浓缩至原体积的1/4左右，干物质达到45%左右，然后采用喷雾干燥，将浓缩乳制成乳粉。本实验要求掌握乳粉生产的基本原理和方法，特别是真空浓缩和喷雾干燥的操作原理，了解评价乳粉质量的方法。

二、实验材料和设备

1. 实验材料

牛乳、70%酒精溶液、0.1mol/L NaOH标准溶液、塑料袋。

2. 实验设备

乳稠计、全自动牛乳成分分析仪、温度计、不锈钢锅、牛奶分离机、真空浓缩器或旋转蒸发仪、水循环式真空泵、均质机、小型离心喷雾干燥器、塑料袋封口机等。

三、实验内容

1. 工艺流程

牛乳→检验→加热→分离→标准化→预热与均质→杀菌→真空浓缩→喷雾干燥→出粉→冷却→包装

2. 操作要点

（1）牛乳检验

① 感官检验：色泽乳白或微黄，具有乳固有的香味，无异味，组织状态呈均匀一致液体，无凝块、无沉淀、无正常视力可见异物。②理化检验：测量牛奶的密度，折算成标准密度 d(20℃/4℃)≥1.027，滴定酸度12～18°T，70%酒精试验阴性。

（2）加热：使用不锈钢锅加热牛乳至35～40℃。

（3）分离：使用牛奶分离机分离牛乳成稀奶油和脱脂乳。测定牛乳、稀奶油和脱脂乳的脂肪含量，并根据牛乳的密度和脂肪含量计算乳固体含量。

（4）标准化：制成的乳粉成品的指标为脂肪含量25%～30%。以1000g成品乳粉为基准，使用全脂乳、稀奶油和脱脂乳配制所需的标准化乳，乳脂含量标准化至3.1%。

（5）均质：均质标准化乳，均质温度55～60℃，均质压力15～22MPa。

（6）杀菌：使用不锈钢锅加热均质后的标准化乳，以85℃、5min的工艺条件杀菌。

（7）真空浓缩：使用真空浓缩器或旋转蒸发仪浓缩牛乳，真空度为0.08～0.10MPa，加热温度60～70℃，料温为50℃，将乳浓缩至干物质为38%～42%，以供喷雾干燥。

（8）喷雾干燥：空气温度190～220℃，雾化器离心转盘转速20000r/min，排风温度85℃。

（9）冷却和包装：自然冷却至室温，使用塑料袋包装，塑料袋包装机热合密封。

3. 成品评价

（1）感官指标：色泽呈均匀一致的乳黄色；具有纯正的乳香味；呈干燥均匀的粉末；经搅拌可以迅速溶解于水中，不结块。

（2）理化指标：蛋白质≥23.0%，脂肪≥26.0%，水分≤5%，不溶度指数≤1.0mL，杂质度≤16mg/kg。

（3）评价方法：按照GB 19644—2010《乳粉》进行评价。

四、问题讨论

1. 试述乳粉原料乳的标准化方法及要求。
2. 真空浓缩在生产乳粉工艺中有何意义？
3. 喷雾干燥之前为何要浓缩？喷雾干燥的原理是什么？
4. 影响乳粉质量的主要因素有哪些？如何控制？

五、参考文献

[1] GB 19301—2010 牛乳.

[2] GB 19644—2010 乳粉.

[3] 张和平，张列兵. 现代乳品工业手册. 第二版. 北京：中国轻工业出版社，2012.

[4] Westergaard V. Milk Powder Technology. Copenhagen：NIRO A/S，2004.

[5] Lund. Dairy Processing Handbook. Sweden：Tetra Pak Processing Systems AB，2003.

[6] 视频：爱课程/食品技术原理/9-4/媒体素材/乳粉的加工.

李洪波

实验3 酸性奶油的制作

一、实验原理和目的

牛乳经分离得到含脂率高的稀奶油（cream）。稀奶油经成熟、搅拌、压炼而制成奶油（butter）。奶油分为甜性奶油和酸性奶油。甜性奶油是用稀奶油不经发酵直接制成的奶油。酸性奶油是用经乳酸菌发酵的稀奶油制成的奶油。两者的稀奶油均需冷却成熟并搅拌，稀奶油在搅拌过程中，完成水包油到油包水的相位转换，形成奶油团块。酸性奶油具有浓郁的风味，工艺流程中一般不需要水洗和加盐。通过本实验掌握酸性奶油的加工原理和加工工艺，了解发酵奶油的加工设备。

二、实验材料和设备

1. 实验材料

牛奶、发酵剂、食盐、胭脂树橙等。

2. 实验设备

手摇牛奶分离机或电动牛奶分离机、不锈钢杀菌锅、水浴、恒温培养箱、pH计、冷藏箱、小型奶油搅拌机（器）、奶油压炼板、奶油模具等。

三、实验内容

1. 工艺流程

脱脂乳
↑
原料乳→预处理→分离稀奶油→杀菌、冷却→乳酸发酵→
物理成熟→添加色素→搅拌→分离奶油粒→压炼、成型→包装
↓
酪乳

2. 操作要点

（1）原料乳预处理：将牛奶用双层纱布过滤，并将过滤好的牛奶水浴加热至40℃。

（2）分离稀奶油：使用牛奶分离机分离稀奶油，测定稀奶油和脱脂乳脂肪含量。

（3）杀菌、冷却：采用巴氏杀菌，80℃保持30s，杀菌后冷却至21℃。

（4）乳酸发酵：菌种为丁二酮乳链球菌（*Stre. diacetilucs*）和乳脂链球菌（*Stre. cremoris*）。发酵剂的添加量为1%～5%，发酵温度21℃，发酵终点pH 5.5，冷却到成熟温度。

（5）物理成熟：成熟温度为7～13℃，成熟时间为12～24h，其间脂肪结晶，部分液态脂肪转变为固态脂肪。

（6）添加色素：奶油颜色过淡时，需要添加稀奶油量0.01%～0.05%的胭脂树橙。

（7）搅拌稀奶油：搅拌是利用机械冲击力，破坏脂肪球膜而形成奶油颗粒。实验室可以使用装有桨叶的搅拌器和电动小型低速搅拌机，稀奶油装入量为搅拌机容积的40%～50%，转速为25～35r/min，5min后排放搅拌机内的气体，然后继续转动20～40min，当可见奶油团粒，液体色泽转淡时，排放酪乳，取出奶油团块，测定奶油团块和酪乳的脂肪含量。

（8）压炼、成型：使用奶油压炼板，在不锈钢工作台上反复折叠，碾压奶油团块，使水分在奶油组织中均匀分布，使用奶油模具使之成型。

3. 成品评价

（1）感官指标：呈均匀一致的乳白色或乳黄色；具有奶油的香味，无异味；均匀一致，允许有相应辅料的沉淀物，无正常视力可见异物；柔软、细腻，无孔隙，无析水现象。

（2）理化指标：水分≤16.0%，脂肪≥80.0%，非脂乳固体≤2.0%。

（3）评价方法：按照GB 19646—2010《稀奶油、奶油和无水奶油》进行评价。

四、问题讨论

1. 比较牛乳和稀奶油的巴氏杀菌的强度，并说明原因。
2. 稀奶油成熟的参数对于奶油的质量有何影响？
3. 根据现有文献，说明稀奶油经过搅拌形成奶油团块的机制。
4. 工业化制造奶油选用什么流程和设备？
5. 可否使用人造奶油的工艺流程制造奶油？

五、参考文献

[1] GB 19646—2010 稀奶油、奶油和无水奶油．

[2] 张和平，张列兵．现代乳品工业手册．第二版．北京：中国轻工业出版社，2012.

[3] Lund. Dairy Processing Handbook. Sweden：Tetra Pak Processing Systems AB，2003.

[4] 视频：爱课程/食品技术原理/9-4/媒体素材/奶油．

李洪波

实验4　乳酸菌发酵剂的制备

一、实验原理和目的

发酵剂（starter culture）是指用于制造酸奶、开菲尔等发酵乳制品以及制作奶油、干酪等乳制品的细菌培养物，一般为液状或固形粉末。用于制造目的的发酵剂称为工作发酵剂，为了制备生产用发酵剂而预先制备的发酵剂称为母发酵剂或种子发酵剂。传统的酸奶发酵剂菌种通常为德氏乳杆菌保加利亚亚种（*Lactobacillus delbrueckii* subsp. *bulgaricus*）和嗜热链球菌（*Streptococcus thermophilus*）以 1∶1 的比例混合的菌种。发酵剂添加到产品中，在一定控制条件下繁殖。发酵的结果是细菌产生一些能赋予产品特性如酸度（pH）、滋味、香味和黏稠度等的物质。当乳酸菌发酵乳糖而产生乳酸时，引起产品体系 pH 值的下降，不仅延长了产品的保存时间，同时改善了产品的营养价值和可消化性。发酵剂是一类含高浓度乳酸菌的产品，一般乳酸菌数在 10^9～10^{10} CFU/mL，有的发酵剂乳酸菌含量可达 10^{11} CFU/mL。本实验要求掌握乳酸菌发酵剂的制备储存和应用方法。

二、实验材料和设备

1. 实验材料

德氏乳杆菌保加利亚亚种和嗜热乳酸链球菌（或其他可用于发酵乳制品的菌株）、脱脂乳粉。

2. 实验设备

试管、三角瓶、烧杯、玻璃棒、移液管、高压灭菌锅、水浴锅、培养箱、恒温箱、干燥箱、冰箱。

三、实验内容

1. 工艺流程

2. 参考配方

脱脂乳培养基（质量浓度 0.12g/mL）：脱脂乳粉 12g，以蒸馏水定容至 100mL，pH 值自然，115℃灭菌 20min。菌种活化、母发酵剂培养基均采用脱脂乳培养基。

3. 操作要点

（1）实验所用试管、三角瓶、烧杯、玻璃棒、移液管使用前均于 121℃灭菌 20min。

（2）菌种活化：将德氏乳杆菌保加利亚亚种和嗜热链球菌按体积分数 4%的接种量分别在灭菌后的脱脂乳培养基中活化数代，至菌株活力恢复。

(3) 母发酵剂制备：将活化好的德氏乳杆菌保加利亚亚种和嗜热乳酸链球菌分别按体积分数2%接种量（德氏乳杆菌保加利亚亚种：嗜热链球菌=1：1）添加到灭菌后的脱脂乳培养基中，(37±1)℃静置培养，培养时间以凝乳后继续培养2h为宜，4℃条件下保存备用。

(4) 工作发酵剂制备：配制质量浓度0.12g/mL的脱脂乳，热处理杀菌（85℃，连续搅拌30min），迅速冷却降温到（42±1)℃，按体积分数2%的接种量添加母发酵剂；并在(42±1)℃条件下静置恒温厌氧发酵，直至凝乳。

(5) 储存：0～4℃冰箱冷藏，减少或者控制微生物的新陈代谢，它可用于发酵剂的短期保藏，一般一周之内可以保持菌种活力。

若制备固体发酵剂可进一步干燥保藏：工作发酵剂经离心后（4℃，2000～3000g，15min）弃去上清液，在无菌条件下将菌体细胞重新悬浮在灭菌的牛奶培养基或其他介质中，最后经冷冻干燥或者喷雾干燥制备成发酵剂粉末，可长期保存。

4. 异常工艺条件的实验设计

(1) 用全脂乳粉或鲜牛奶代替脱脂奶。

(2) 培养基中添加生长因子，如Mn^{2+}、Ca^{2+}等。

(3) 接种量可略为增加，按体积分数3%～5%接种。

5. 成品评价

(1) 凝块需要有适当的硬度，细滑而富有弹性，组织均匀一致，表面无变色、气泡及乳清分离等现象。

(2) 需具有优良的酸味及风味，不得有腐败味、苦味、饲料味和酵母味等异味。

(3) 凝块完全粉碎后，细腻滑润，略带黏性，不含块状物。

(4) 按上述方法接种后，在规定时间内凝固，无延长现象，活力测定（酸度、感官、挥发酸）符合规定指标。

四、问题讨论

1. 制备工作发酵剂时，对脱脂乳进行热处理的目的是什么？
2. 影响乳酸菌发酵剂活力的因素有哪些？
3. 发酵剂多使用两种或两种以上的混合菌，其目的是什么？
4. 如何判断菌株的活力已恢复正常水平？
5. 如果菌株发生退化，应如何进行复壮？
6. 培养基中添加生长因子的目的是什么？
7. 如何判断菌株发酵性能的优劣？

五、参考文献

[1] 郭本恒．酸奶．北京：化学工业出版社，2003.
[2] 郭本恒．乳品微生物学．北京：中国轻工业出版社，2001.
[3] Lund. Dairy Processing Handbook. Sweden：Tetra Pak Processing Systems AB，2003.
[4] 詹现璞．乳制品加工技术．北京：中国科学技术出版社，2012.
[5] 郭成宇，吴红艳，许英一．乳与乳制品工程技术．北京：中国轻工业出版社，2016.
[6] 视频：爱课程/食品技术原理/9-4/媒体素材/酸乳发酵剂的制作．

李超

实验5　酸乳的制作

一、实验原理和目的

酸乳是以牛乳或复原乳为主要原料，添加或不添加辅料，以德氏乳杆菌保加利亚亚种和嗜热乳酸链球菌作为主发酵剂，可复配其他益生菌（如鼠李糖乳杆菌、植物乳杆菌、干酪乳杆菌等），发酵而制成的产品，成品中必须有足量的、相应的活性乳酸菌。酸乳一般分为凝固型酸乳和搅拌型酸乳。乳酸发酵过程及产品品质通常受到原料乳质量和处理方式、发酵剂的种类和加入量、发酵温度和时间、贮藏条件等多种因素的影响。

本实验的目的是掌握酸乳的制作原理和过程，理解影响酸乳发酵的因素，熟悉酸乳的制作过程及操作要点。

二、实验材料和设备

1. 实验材料

牛乳或还原乳、白砂糖、乳酸菌发酵剂、稳定剂、香精、果酱或果粒、冰水、塑料杯。

2. 实验设备

具盖不锈钢容器、恒温培养箱、pH计、碱式滴定管、搅拌器、均质机、封盖机、冷藏柜等。

三、实验内容

1. 工艺流程

① 凝固型酸乳

制备发酵剂
↓
配料→均质→灭菌→冷却→接种→罐装→发酵→凝乳→冷却→成品

② 搅拌型酸乳

制备发酵剂（↓ 接种）　果酱或果粒（↓ 搅拌）
配料→均质→灭菌→冷却→接种→发酵→凝乳→冷却→搅拌→灌装→封盖→成品

2. 参考配方

① 凝固型酸乳：糖加入量为牛乳或还原乳的6.8～7.0g/100mL，稳定剂添加量为0.15～0.20g/100mL，发酵剂添加量为3.0mL/100mL。

② 搅拌型酸乳：糖加入量为牛乳或还原乳的6.8～7.0g/100mL，稳定剂添加量为0.15～0.20g/100mL，发酵剂添加量为3.0mL/100mL。

3. 操作要点

（1）制备发酵剂

① 乳酸菌纯培养物：12mL/100mL 的脱脂乳分装于无菌试管→灭菌（115℃/15min）→冷却［(40±1)℃］→接种（已活化的菌种 1～2mL/100mL）→培养［3～6h，(42±1)℃］→凝乳→冷却至 4℃→冷藏备用。一般重复上述工艺 2～3 次，接种 3～4h 后凝固，酸度达 90°T 左右为准。

② 制备母发酵剂：12mL/100mL 的脱脂乳分装于无菌的三角瓶中（300～400mL）→灭菌（115℃/15min）→冷却［(42±1)℃］→接种（乳酸菌纯培养物 2～3mL/100mL）→静置培养（3～6h，45℃）→凝乳→冷却至 4℃→冷藏备用。

③ 制备工作发酵剂：12mL/100mL 的脱脂乳→灭菌（85℃/15min）→冷却［(42±1)℃］→接种（母发酵剂，球菌与杆菌混合，接种量 2%～3%）→培养（2.5～3.5h，43～45℃）→凝乳→冷却至 4℃→冷藏备用。

（2）配料：新鲜牛乳要求不含有抗生素或其他抑菌物质，干物质含量达到 11.5mL/100mL 以上，酸度≤20°T。复配稳定剂（由变性淀粉、果胶、海藻酸钠或明胶等制成）与糖按 1∶10 的比例混合后，用原料乳进行溶解。

（3）均质：混合原料在压力为 15～18MPa 的条件下进行均质。

（4）灭菌：将均质后的混合原料转移至无菌不锈钢容器内，加热到 90～95℃，保温 5min 进行灭菌处理。

（5）冷却、接种：将灭菌后的混合原料冷却到（42±1）℃，然后在无菌条件下按 3mL/100mL 接种量加入工作发酵剂，搅拌均匀。

（6）发酵：凝固型酸乳在接种后，灌装入经过消毒的容器内进行发酵；搅拌型酸乳在恒温培养箱内或保温发酵罐内进行发酵。当乳凝固，酸度达到 85°T 时，将凝固型酸乳移入冷藏柜，终止发酵；搅拌型酸乳使用冰水冷却至 15℃，终止发酵。

（7）搅拌：向搅拌型酸乳中加入果酱或果粒，用搅拌器进行破乳搅拌，一般搅拌速度很慢、力度要尽量小，时间不超过 1.5min，搅拌的同时用冰水冷却。

（8）灌装：搅拌型酸乳灌装后，在冷藏柜内冷却至 4℃，完成酸乳的后熟。

4. 成品评价

（1）感官指标：呈均匀一致的乳白或淡黄色；具有酸乳固有的滋味和气味；组织细腻、均匀，允许有少量的乳清析出。

（2）理化指标：全脂纯酸乳脂肪≥3.1%，蛋白质≥2.9%，非脂乳固体 8.1%，酸度≥70°T；全脂调味（果料）酸乳脂肪≥2.5%，蛋白质≥2.3%，非脂乳固体≥6.5%，酸度≥70°T。

（3）微生物指标：乳酸菌群≥1×10^{6}CFU/mL。

（4）评价方法：按照 GB 19302—2010《酸牛乳卫生标准》进行评价。

四、问题讨论

1. 酸乳加工中对原料有什么要求？原因是什么？为何要添加稳定剂？

2. 均质的目的是什么？

3. 酸乳生产中常用的发酵菌种有哪些？各自特点以及在发酵过程中所起的作用是什么？

4. 酸乳发酵结束后为何要进行冷却？

5. 酸乳产品为何会有乳清析出？其对产品品质有何影响？通过哪些方法可以减少该现象的发生？

五、参考文献

[1] GB 19302—2010 酸牛乳卫生标准.
[2] 郭本恒. 酸奶. 北京：化学工业出版社，2003.
[3] Lund. Dairy Processing Handbook. Sweden：Tetra Pak Processing Systems AB，2003.
[4] 郭成宇，吴红艳，许英一. 乳与乳制品工程技术. 北京：中国轻工业出版社，2016.
[5] 视频：爱课程/食品技术原理/9-5/媒体素材/酸乳加工.

李超

实验 6　配制型乳酸饮料的制作

一、实验原理和目的

配制型乳酸饮料是以乳或乳制品为原料，加入水、白砂糖和（或）甜味剂、稳定剂、乳化剂、酸味剂调制而成的饮料。蛋白质的等电点和液体分离的斯托克斯定律是主导乳酸饮料制作的基本原理。在其加工过程中，通过均质改变蛋白质粒子的大小，添加稳定剂增加黏度并改变蛋白质粒子表面电荷的分布，添加乳化剂使乳脂肪能均匀分布于产品中，调节酸液的加入速率和均匀度，控制 pH 的变化，增加乳酸饮料的稳定性，防止分层沉淀。本实验要求掌握乳酸饮料稳定的机理和方法，熟悉乳酸饮料混合乳化的操作。

二、实验材料和设备

1. 实验材料

全脂乳粉、白砂糖、羧甲基纤维素钠、分子蒸馏单甘酯（或复配型稳定剂）、柠檬酸、乳酸、香精、塑料瓶。

2. 实验设备

不锈钢容器、手持剪切搅拌器、胶体磨、均质机、塑料瓶封口机、水浴锅、pH 计。

三、实验内容

1. 工艺流程

白砂糖→溶解→过滤
全脂乳粉→溶解
稳定、乳化剂→溶解
→混合→胶体磨→调配→定容→均质→灌装→杀菌→成品
（调配处加入：柠檬酸、乳酸、香精等）

2. 参考配方

全脂乳粉 38～40g、白砂糖 85～110g、柠檬酸和乳酸 6～8g、稳定、乳化剂 3.5～5g、香精 1mL，用饮用水补至 1000mL。

3. 操作要点

(1) 乳粉处理：加入 20 倍的 60℃饮用水，使用手持剪切搅拌器搅拌溶解全脂乳粉，使之成为乳液，复水 30min。

（2）稳定剂处理：将羧甲基纤维素钠、单甘酯和砂糖以 1∶10 的比例进行混合，加入适量的热水浸泡，使用手持剪切搅拌器，制成 3％的溶液。

（3）制备糖浆：使用 60℃热水溶解白砂糖，过滤制成 60％的糖浆。

（4）制备酸液：把柠檬酸和乳酸加水溶解成为 5％的溶液，加入果汁制成酸液。

（5）混合和冷却：将乳液、糖浆和稳定剂溶液在不锈钢容器中混合均匀，过胶体磨一次，并将物料冷却至 30℃以下。

（6）调配和定容：在上述混合料液中，在高速搅拌下迅速加入酸液，使物料的 pH 迅速通过乳蛋白质的等电点，达到 pH 4.0～3.9。温度控制在 30℃以下，均匀后再加入香精等。根据配方，加饮用水定容。

（7）均质：预热调配物料至 50℃，在 20MPa 压力下均质。

（8）灌装、杀菌：使用水浴把均质物料加热到 70℃，趁热灌装密封。70～85℃水浴杀菌 30min，冷却至室温，即为成品。

4. 成品评价

（1）感官指标：具有特有的乳香滋味和气味或具有与加入辅料相符的滋味和气味，无异味；呈均匀乳白色、乳黄色或带有添加辅料的相应色泽；组织状态为均匀细腻的乳浊液，无分层现象，允许有少量沉淀，无正常视力可见的外来杂质。

（2）理化指标：蛋白质≥1.0g/100g。

（3）评价方法：按照 GB/T 21732—2008《含乳饮料》进行评价。

四、问题讨论

1. 在混合和乳化过程中，使用了哪几种设备？各具有什么特点？
2. 本实验采取什么方法保持乳酸饮料的稳定性？
3. 除了本实验采用的稳定剂之外，还可以选用什么稳定剂？
4. 在大规模工业化生产中，采用什么包装形式和加工方法？

五、参考文献

[1] GB/T 21732—2008 含乳饮料.

[2] 梁曼君. 乳酸饮料生产工艺. 食品工业科技，2000，(5)：62-63.

[3] 郭卫强. 新型乳酸饮料的研制和开发. 食品研究与开发，2001，(4)：42-44.

[4] 徐伟，马力. 高甲氧基果胶对酸奶饮料的稳定作用. 食品工业科技，2005，(7)：179-181.

刘会平

实验 7　半硬质干酪的制作

一、实验原理和目的

国际乳制品联合会（International Dairy Federation，IDF）将干酪根据其水分含量分为超硬质干酪（含水量 30％～35％）、硬质干酪（30％～40％）、半硬质干酪（38％～45％）和软质干酪（40％～60％）4 大类。切达干酪（Cheddar cheese）和莫兹瑞拉干酪（Mozzarella cheese）是半硬质干酪中目前生产、消费量最大的两类干酪。切达干酪是酶凝、成熟的半硬质干酪，在加工中，其凝乳团块经过反复堆叠，使产品形成类似于鸡胸肉纤维状的质构。莫兹瑞拉干酪凝乳加工的条件与切达干酪相近。不同的是，在凝块加热、拉伸、揉捏的过程中，使凝乳由三维结构转化为线性结构，从而形成了莫兹瑞拉干酪特有的可以融化拉丝的特性。热拉伸是莫兹瑞拉干酪特有的单元操作，凝块的 pH、加热温度和拉伸机的转数是拉伸操作需要选择的参数。本实验要求掌握干酪凝乳的原理和半硬质干酪制作要点，熟悉制作干酪的设备，了解干酪的评价方法。

二、实验材料和设备

1. 实验材料

牛乳、氯化钙、发酵剂、凝乳酶、食盐、胭脂树橙、真空塑料袋等。

2. 实验设备

全自动乳成分分析仪、小型牛奶分离机、加热拉伸机、干酪槽、干酪刀、干酪铲、压榨器、干酪模具、pH 计、量筒、烧杯、包装机、冷藏柜、不锈钢锅等。

三、实验内容

1. 工艺流程

原料乳的预处理→标准化→杀菌→冷却→添加发酵剂→调整酸度→添加氯化钙→

（添加色素）→凝乳→凝块切割→搅拌→加温→排出乳清→堆叠→

① 切达干酪：成型压榨→盐渍→真空包装→成熟→成品

② 莫兹瑞拉干酪：切割凝乳块→热烫拉伸→装模→冷却→腌渍→包装→冷藏

2. 操作要点

（1）原料乳的预处理与标准化：生产干酪的原料乳需要经过严格的检验，要求抗生素检验呈阴性等。实验可用双层纱布过滤牛乳。对原料乳进行标准化，需先测定牛乳中脂肪和蛋白质含量，计算出牛乳中酪蛋白的含量，使酪蛋白与脂肪的比例（C/F）达到 0.7。

$$原料乳酪蛋白含量（\%）=0.4\times原料乳含脂率百分值+0.9$$

（2）杀菌：采用 63～65℃、30min 的巴氏杀菌。

（3）添加发酵剂：取原料乳量 1%～2%工作发酵剂（或相当的直投式发酵剂），边搅拌边加入，并在 30～32℃条件下充分搅拌 3～5min。加入发酵剂后发酵 30～60min，取样测定酸度，使最后 pH 控制在 6.3～6.2。

（4）调整酸度：依靠乳酸菌发酵达到要求的酸度需要较长时间，故可用 1mol/L 的盐酸将牛乳的 pH 调整为 6.3～6.2。

（5）添加氯化钙和色素：可以加入氯化钙来调节盐类平衡，促进凝块形成，添加胭脂树橙色素以改善和调和颜色。通常每 1000kg 原料乳中加 30～60g 氯化钙，色素以水稀释约 6 倍，充分混匀后加入。

（6）凝乳：首先确定凝乳酶需要量。置 100mL 原料乳于烧杯中，加热到 35℃后，加入 1%凝乳酶食盐溶液 10mL，搅拌均匀，并加少许炭粒为标记，准确记录开始加入酶到乳凝固所需的时间（s），此时间称为酶的绝对强度。根据下式计算活力：

$$活力=试乳数量\times2400/(凝乳酶量\times凝乳时间)$$

凝乳酶需要量＝原料乳量/凝乳酶活力

在达到酸度要求的牛乳中，加入凝乳酶溶液，迅速搅拌均匀后静置。

(7) 凝块切割：刀在凝乳表面切深为2cm，长5cm的切口，再用食指斜向从切口的一端插入凝块中约3cm。当手指向上挑起时，如果切面整齐平滑，指上无小片凝块残留，且渗出的乳清透明时，即可开始切割，一般切割成10mm×10mm×10mm的立方体。

(8) 搅拌及加温：升温的速度应严格控制，初始时每3～5min升高1℃，当温度升至35℃时，则每隔3min升高1℃。当温度达到38℃时，停止加热并维持此时的温度。

(9) 排出乳清：维持38℃，用干酪铲将凝块收拢于干酪槽的一端，插入滤网，打开排水口，放出乳清。

(10) 堆叠：将干酪凝块重叠堆积在干酪槽一端，每隔15min翻转一次，保持在39℃，当乳清的pH为5.3～5.2时停止。

切达干酪制作：

(11) 成型压榨：将干酪凝块装入干酪模具中，先进行预压榨，一般压力为0.2～0.3MPa，时间为20～30min；或直接正式压榨，压力为0.4～0.5MPa，时间为12～24h。压榨结束后，从成型器中取出的干酪称为生干酪。

(12) 盐渍：将压榨后的生干酪浸于盐水容器内浸渍，盐水为18%～20%，盐水温度为8℃左右，浸泡时间随干酪大小而变化，一般盐渍68h。

(13) 真空包装：采用塑料膜或金属复合膜真空包装。

(14) 成熟：将生干酪置于10～12℃下，在乳酸菌等有益微生物和残留凝乳酶的作用下，经3～6个月的成熟，形成干酪的质构和风味。

莫兹瑞拉干酪制作：

(11) 从牛乳杀菌到切割凝乳块，均可参照切达干酪工艺参数执行。

(12) 在堆积、折叠凝乳时，需要每15min测定一次pH，至pH达到5.3～4.9，取50g样品，搓成大约1cm的条，进行热烫和拉伸。

(13) 在75～90℃的水浴中热烫凝乳条，分别进行纵向和横向拉伸。纵向拉伸超过80cm，横向拉伸形成薄膜，凝乳即可以进行正式拉伸，水浴温度可以设为机械拉伸或机器拉伸的热水温度。

(14) 热水与物料的比为(2～3)∶1，加热拉伸机的转速设为30～50r/min，设定加热水温度，拉伸和揉捏pH适宜的凝乳块进行至塑性团块。

(15) 如果没有拉伸机，可以把热烫后的凝块放在不锈钢容器的热水中，使用不锈钢工具进行搅拌，直至成为均匀的塑性团块。

(16) 塑性团块入模后，于0～4℃冷盐水中成型，中心温度至20℃时脱模，腌渍，腌渍条件与切达干酪相同。

(17) 真空包装后，10～12℃冷藏成熟二周。

3. 成品评价

切达干酪：

(1) 感官指标：具有该种干酪特有的良好滋味和气味，香味浓郁；质地均匀，软硬适度，组织细腻，可塑性较好；具有该种干酪正常的纹理图案；淡黄色；有光泽；外形正常，均匀细致无损伤；包装良好。

(2) 理化指标：非脂物质水分含量为49.0%～56.0%，干物质脂肪含量为45.0%～

59.9%。

(3) 评价方法：按照 GB 5420—2010《干酪》进行评价。

莫兹瑞拉干酪：

(1) 感官指标：呈乳白色，均匀，有光泽；具有奶油味，具有该种干酪特有的滋味和气味；质地紧密、光滑、硬度适中；遇热具有良好的拉丝特性。

(2) 理化指标：干物质≥45%，干物质中脂肪≥45%。

(3) 焙烤性能：烘烤比萨饼上，熔化干酪被叉尖的挑起高度不少于 7.62cm，呈咀嚼感，但不能呈橡胶感。切分样品呈截面为 0.5cm×0.5cm 的条，放于面包片上，在 210℃烤炉中烘烤 10min 至完全熔化，试验拉伸性，感官评价样品的口感。

(4) 评价方法：按照 USDA Specifications for Mozzarella Cheese 进行评价。

四、问题讨论

1. 干酪原料乳的质量有何重要性？干酪乳的标准化对产品的质量有何影响？
2. 干酪制作过程中的预发酵有何作用？
3. 干酪的凝乳机理与酸奶有何不同？如何控制凝乳过程？
4. 切达干酪制作过程中堆叠工序有何作用？
5. 讨论在莫兹瑞拉干酪制造过程中酪蛋白所发生的变化。
6. 简述莫兹瑞拉干酪的生产流程和设备。

五、参考文献

[1] GB/T 21375—2012 干酪（奶酪）.

[2] USDA Specifications for Mozzarella Cheeses，1980.

[3] 张和平，张列兵．现代乳品工业手册．北京：中国轻工业出版社，2005.

[4] Lund. Dairy Processing Handbook. Sweden：Tetra Pak Processing Systems AB，2003.

[5] P. L. H. McSweeney. Cheese problems solved. Woodhead Publishing Limited and CRC Press LLC，2007.

[6] 视频：爱课程/食品技术原理/9-5/媒体素材/Mozzarella 干酪（Tetra pak）、Cheddar 干酪（Tetra pak）.

李红娟

实验 8　卡门贝尔干酪的制作

一、实验原理和目的

卡门贝尔干酪（camembert cheese）原产于法国诺曼底，是一种表面干燥覆盖白色的卡门贝尔青霉（*Penicillium camemberti*）或白青霉（*Penicillium candidum*）的霉菌干酪。卡门贝尔干酪现在使用牛奶制成，直径 10～11cm，质量小于 350g，脂肪含量不少于 38%。卡门贝尔干酪属于软质干酪，乳酸发酵在凝乳形成中发挥比较重要的作用，凝乳 pH 较低而酶的加入量少于硬质干酪，凝乳含有较多的水分。在制作中没有压制和揉捏凝乳过程，凝乳依靠自重压缩和翻转成型。由于霉菌水解蛋白质和脂肪的作用，干酪质地柔软细腻，香气浓郁。本实验要求掌握卡门贝尔干酪的制作工艺条件，理解霉菌在干酪成熟过程中的作用。

二、实验材料与设备

1. 实验材料

无抗生素鲜牛奶、嗜温型乳酸菌发酵剂、卡门贝尔干酪青霉和白青霉发酵剂或其孢子悬浮液、凝乳酶、食品级氯化钙、食盐。

2. 实验设备

干酪槽、干酪切刀（刀刃间距 2cm）、干酪勺铲、干酪模子、pH 计、温度计、恒温恒湿箱（库）。

三、实验内容

1. 工艺流程

牛奶→杀菌→加入发酵剂和霉菌孢子悬浮液→加入凝乳酶凝乳→装模、排乳清→翻转→腌制、干燥→成熟→包装→冷藏

2. 操作要点

（1）在干酪槽中进行牛奶的巴氏杀菌，63～65℃、30min，冷却到 32℃。

（2）加入 0.01%嗜温型乳酸菌发酵剂或 2%活化的发酵剂，发酵 15～25min，可以在此时加入霉菌发酵剂或霉菌孢子悬浮液。

（3）当 pH 降低到 5.6 时加入 20mL/100kg 牛乳的凝乳酶。

（4）32℃下，45～60min 形成结实的凝乳。

（5）使用干酪切刀，切割凝乳，不搅拌。

（6）15min 后，使用干酪勺铲将凝乳和乳清一起像移动豆腐脑一样移入模具，利用凝乳的自重压缩、排乳清。静止放置 3h，翻转模具，其后 2h 再翻转模具一次，然后每隔 30min 翻转一次，翻转 3～4 次，促进排除乳清和形成均匀的质地。

（7）喷入霉菌孢子悬浮液，隔 30min 翻转一次，静置 30min。

（8）脱模后的生干酪放在乳清排出台上 5～6h。

（9）反复正反两面在食盐中腌渍生干酪 1d 后，移入 4℃、相对湿度 95%～98%的恒温恒湿箱成熟，放置 5～7d，翻转一次。

（10）14d 后取出，使用铝箔包装。

3. 成品评价

（1）感官指标：滋味和气味具有本品种的特征；外皮均匀覆盖白色的霉菌，偶尔也有少数橘黄色的亚麻杆菌的色斑；质地软但不易碎；内部白色或稀奶油黄色；没有孔洞。感官评价 14d 后的样品的风味、色泽和质地。

（2）理化指标：干物质脂肪含量 30%～50%，水分含量 50%～60%。

（3）评价方法：按照 Codex Stan C-33-1973 Codex International Individual Standard for Camembert cheese 进行评价。

四、问题讨论

1. 讨论在卡门贝尔干酪凝乳及成熟过程中，酪蛋白所发生的变化。

2. 说明在卡门贝尔干酪加工中霉菌的作用原理。

五、参考文献

[1] Codex Stan C-33-1973 Codex International Individual Standard for Camembert cheese.

[2] Lund. Dairy Processing Handbook. Sweden：Tetra Pak Processing Systems AB，1995.

[3] P. L. H. McSweeney. Cheese problems solved. Woodhead Publishing Limited and CRC Press LLC，2007.

[4] 郑志强，赵征等．霉菌成熟软质干酪工艺参数优化的研究．中国乳品工业，2007，35（6）：17-20.

[5] 视频：爱课程/食品技术原理/9-5/媒体素材/Camembert 干酪．

李红娟

实验 9　再制干酪的制作

一、实验原理和目的

再制干酪是以一种或多种干酪为主要原料，粉碎后添加或不添加乳制品、水、调味料及食品添加剂等辅料，经混合、乳化、杀菌等工艺制成的产品。再制干酪起源于对干酪残料和不合格干酪的利用，现在已经发展成为大型的加工行业。在加工中，干酪中酪蛋白受热成为流体，冷却时固化而致再制干酪塑化。再制干酪添加的“乳化盐”包括：磷酸氢二钠、柠檬酸钠、偏磷酸钠和酒石酸钠及其混合物。乳化盐的应用可以促进塑化过程。乳化盐实际上不是乳化剂，而是改变了酪蛋白的性质使其成为基本的乳化剂。乳化盐调节 pH，螯合钙离子，发挥离子交换剂的作用。本实验要求掌握再制干酪的工艺过程，理解再制干酪工艺过程的影响因素。

二、实验材料与设备

1. 实验材料

见表 4-1 和表 4-2。

表 4-1　参考配方（1）

组分	用量/g
3 个月干酪	357
5 个月干酪	153
酪蛋白酸钠	80
植物油	90
柠檬酸	4
柠檬酸三钠	16
磷酸氢二钠	5
乳糖	80
水	215(mL)
总计	1000

注：干酪的成熟度和种类以及乳品组分的类别影响乳化剂的选择。成熟度低的干酪需要较多的柠檬酸盐，而成熟度高的干酪需要较多的磷酸盐。

表 4-2 参考配方（2）

组分	用量/g
成熟干酪	450～550
植物油	100～150(mL)
柠檬酸	3
柠檬酸三钠	10～18
磷酸氢二钠	3～6
乳清粉	80～100
改性淀粉	100
亲水胶体	10
水	200～220(mL)
总计	1000

2. 实验设备

加热器（Armfield夹层锅或水浴和搅拌器）、切刀、天平、包装容器、冷库或冷柜。

三、实验内容

1. 工艺流程

原料配合→原料整理→切割→粉碎→加水→加盐→加色素→加热溶化→乳化→抽真空→充填→静置冷却→成品

2. 操作要点

(1) 原料配合：通常用成熟度不同的同一种干酪或不同风味的两种以上干酪进行配合。

(2) 原料整理：将选好的干酪，先除去表面的蜡层和包装材料，并将霉斑等清理干净。

(3) 切割、粉碎：将清理好的干酪切成块状，然后用粉碎机或用搅肉机代替进行粉碎。

(4) 加热溶化：在夹层锅（或水浴）中加入适量的水（通常为原料干酪质量的5%～10%）、食盐、调味料、防腐剂及色素等，然后倒入搅碎的干酪，并往夹层锅的夹层中通入热水进行加热，当温度达到50℃左右时加入乳化盐，进行搅拌。如用磷酸氢二钠及柠檬酸钠结晶粉末时，应先混合溶化后再加入锅中。最后将温度升至75～85℃，保持4～6min，使其完全溶化。

(5) 乳化：加乳化盐后，如果需要调整酸度时，可以用乳酸、柠檬酸、醋酸等。可以混合使用，也可以单独使用。成品的pH为5.6～5.8，不得低于5.3。乳化剂中，磷酸盐能提高干酪的保水性，可以形成光滑的组织；柠檬酸钠有保持颜色和风味的作用。乳化剂需用水溶解后再加入，色素采用胭脂树橙或类胡萝卜素，并充分搅拌。

(6) 充填和静置冷却：乳化后，趁热注入包装容器中，并在室温下放置24h，使气泡上浮。

(7) 冷藏：静置后移入0～5℃冷库（柜）冷藏。

3. 成品评价

(1) 感官指标：色泽均匀一致的乳白色、乳黄色和深黄色，添加辅料的干酪呈所加辅料相应的色泽；具有该种干酪特有的滋味和气味，具有相应的添加物的风味，无异味；质地均匀一致，有弹性，软硬适度，组织细腻，可塑性好，无肉眼可见外来杂质。

(2) 理化指标：产品干物质中的干酪≥51%，干物质中脂肪含量和最小干物质含量的要求如表4-3所示。

表 4-3 再制干酪干物质中脂肪含量和最小干物质含量的要求

干物质中脂肪含量/%	最小干物质含量/%	干物质中脂肪含量/%	最小干物质含量/%
65	53	30	42
60	52	25	40
55	51	20	38
50	50	15	37
45	48	10	36
40	46	<10	34
35	44		

(3) 评价方法：按照GB 25192—2010《再制干酪》进行评价。

四、问题讨论

1. 如何设计实验证明乳化盐在再制干酪加工中的作用？
2. 控制pH在再制干酪加工中有何重要作用？如何控制？
3. 工业化生产应该采用什么工艺流程和设备？

五、参考文献

[1] GB 25192—2010 再制干酪.
[2] 张和平，张列兵．现代乳品工业手册．第二版．北京：中国轻工业出版社，2012.
[3] Lund. Dairy Processing Handbook. Sweden：Tetra Pak Processing Systems AB，2003.
[4] A. Y. Tamime，Processed Cheese and Analogues，Black Well Publishing Ltd.，2011.
[5] 视频：爱课程/食品技术原理/9-5/媒体素材/再制干酪.

李红娟

实验10 冰淇淋的制作

一、实验原理和目的

冰淇淋是以饮用水、乳品、蛋品、甜味料、食用油脂等主要原料，加入适量的香料、稳定剂、着色剂、乳化剂等食品添加剂，经混合、杀菌、均质、老化、凝冻等工艺或再经成型、硬化等工艺制成的体积膨胀的冷冻食品。保持适当的膨胀率，防止重结晶是冰淇淋制造的关键问题，冰淇淋的配料，加工与贮藏均与此密切相关。通过本实验，使学生了解冰淇淋的加工工艺和冰淇淋膨胀率的评价方法，掌握对冰淇淋的香气、色泽、质地进行感官评价的描述性检验法。

二、实验材料和设备

1. 实验材料

全脂乳粉、白砂糖、麦芽糊精、奶油、棕榈油、淀粉、淀粉糖浆、葡萄糖、瓜尔豆胶、海藻酸钠、明胶、单甘酯、蔗糖酯、食用色素等。

2. 实验设备

高速混料缸或手持混料器、夹层锅或水浴、冷藏箱、均质机、凝冻机、模具、低温冰箱等。

三、实验内容

1. 工艺流程

油溶香精 ↓（加入均质、冷却）　水溶香精 ↓（加入老化）

原料预热→混合→巴氏杀菌、均质、冷却→老化→凝冻→添加辅料→灌装→硬化→冻藏

2. 参考配方

棕榈油 55mL，奶油 20g，全脂乳粉 100g，蔗糖 120g，麦芽糊精 20g，葡萄糖粉 20g，玉米糖浆 60mL，海藻酸钠 1g，瓜尔豆胶 1g，黄原胶 1g，明胶 2g，分子蒸馏单甘酯 1g，蔗糖脂肪酸酯 0.5g，乙基麦芽酚 20mg/kg，香兰素 40mg/kg，乳化炼奶香精 0.5mL，用饮用水补至 1000g。

3. 操作要点

(1) 操作步骤

① 配料：把 50～60℃的热水按计算的量倒入混料罐中，把全脂乳粉全部倒入混料罐中，用电动搅拌器继续搅拌乳粉，直到全部溶解，把稳定剂倒入糖粉中，用勺混匀（不能沾水），边搅拌边将稳定剂和糖的混合物加入奶液中，继续搅拌至无肉眼可见固体。

② 杀菌：85℃，25min。

③ 均质条件：温度约 60℃，均质压力 15～20MPa。

④ 冷却：自来水水浴冷却至温度到 35℃以下，然后用冰水浴冷却至温度到 10℃以下。

⑤ 老化：2～4℃，4h。

⑥ 凝冻，测膨胀率。

⑦ 灌装：按需要灌装为不同大小及形状。

⑧ 硬化：－23～－28℃速冻硬化

⑨ 冻藏：在－18℃下贮存流通。

(2) 操作注意事项

① 单甘酯、蔗糖酯、各种胶体与砂糖混合后，再与水、乳粉、油、麦芽糊精、玉米糖浆、色素等混合。

② 乙基麦芽酚、香兰素及油质香精在均质前加入。水质香精在老化后期加入。

4. 成品评价

(1) 膨胀率的计算公式

$$A=100(B-C)/C$$

式中　A——膨胀率；

B——混料的重量；

C——与混料同容积的冰淇淋的重量。

（2）感官指标

色泽：主体色泽均匀，具有品种应有的色泽。

形态：形态完整，大小一致，不变形，不软塌，不收缩。

组织：细腻滑润，无气孔，具有该品种应有的组织特征。

滋味气味：柔和乳脂香味，无异味。

杂质：无正常视力无可见外来杂质。

（3）理化指标：非脂乳固体≥6.0g/100g；总固体≥30.0g/100g；脂肪≥8.0g/100g；蛋白质≥2.5/100g。

（4）评价方法：按照 GB/T 31114—2014《冷冻饮品　冰淇淋》进行评价。

四、问题讨论

1. 影响冰淇淋膨胀率的因素有哪些？如何提高冰淇淋的膨胀率？

2. 增稠剂和乳化剂在冰淇淋中各起什么作用？对制品的质地和口感有何影响？

3. 冰淇淋制品可能会发生哪些质量缺陷？如何避免这些情况的出现？

五、参考文献

[1] GB/T 31114—2014 冷冻饮品　冰淇淋．

[2] H. Douglas Goff，Richard W. Hartel. Ice Cream. 7th Ed，New York：Springer，2013.

[3] 刘爱国，杨明．冰淇淋配方设计与加工技术．北京：化学工业出版社．2008.

[4] 视频：爱课程/食品技术原理/9-5/媒体素材/冰淇淋制造．

实验 11　豆乳和腐竹的制作

一、实验原理和目的

当大豆经浸泡后，蛋白体膜同其他组织一起吸水膨胀，受到外界机械破坏破碎，大豆中的蛋白质及其他水溶性物质与水进一步结合而被提取出来形成豆浆，经调味、均质、杀菌灌装后得到豆乳饮品。腐竹，又称腐皮或豆腐皮，是煮沸豆浆表面凝固的薄膜，可鲜食或干燥后用于烹饪。豆浆加热后，蛋白质发生热变性，被豆浆中产生的对流上推到液面，变性的蛋白质被浓缩，通过 S-S 结合形成膜，干燥后的豆腐皮含有 53％的蛋白质，28％的脂质。腐竹的制作受到豆浆温度、豆浆浓度、豆浆 pH 等因素的影响。本实验要求掌握腐竹制作的基本原理并探索这些因素对于腐竹质量的影响。

二、实验材料和设备

1. 实验材料

大豆、蔗糖、乳粉、CMC-Na。

2. 实验设备

混料罐、腐竹锅、加热锅、磨浆机、灭菌锅、温度计、pH 计、天平、玻璃瓶、豆乳比重计、旋转黏度计、色差计、质构仪。

三、实验内容

1. 工艺流程

调味→均质→灌装→杀菌→豆浆饮品
↑
大豆→清选→脱皮→浸泡→磨浆→浆渣分离→煮浆→揭竹→干燥→包装→腐竹成品

2. 操作要点

(1) 浸泡：按 1∶3 添加泡豆水，水温 17～25℃，pH 在 6.5 以上，时间为 8～12h，浸泡适当的大豆表面比较光亮，没有皱皮，豆瓣易被手指掐断。

(2) 水洗：用自来水清洗浸泡的大豆，去除浮皮和杂质，加入碳酸氢钠降低泡豆的酸度。

(3) 磨制：用磨浆机磨制水洗的泡豆，磨制时每千克原料豆加入 50～55℃ 的热水 4000mL。

(4) 煮浆：煮浆使蛋白质发生热变性，煮浆温度要求达到 95～98℃，保持 2min。

豆乳的制作：

(5) 调味/原味：每 100mL 豆浆中加入 10g 蔗糖、1.5g 全脂乳粉、0.25g CMC-Na 充分搅拌加入。

(6) 均质：75～80℃，200kg/cm^2，一次均质。

(7) 灌装：装入玻璃瓶中，密封。

(8) 杀菌：105℃，15min，得到豆浆饮料。

腐竹的制作：

(5) 提取腐竹：熟浆过滤后加入腐竹锅内，恒温温度应严格控制，一般以 (82±2)℃为宜，并要保持稳定，10～15min 就可起一层油质薄膜（油皮），利用锐利特制小刀将薄膜从中间轻轻划开，分成两片，分别提取。提取时用手旋转成柱形，挂在竹竿或不锈钢棍上即成湿腐竹。

(6) 烘干包装：把挂在竹竿上的腐竹送到干燥箱中，顺序排列起来，干燥温度达50～60℃，经过 4～7h，待腐竹表面呈明亮的黄白色，水分≤12%，即为成品，明亮透光即成。

3. 异常工艺条件的实验设计

(1) 不同浓度和酸度对豆浆饮料稳定性的影响。

(2) 不同揭竹条件对于腐竹品质的影响。

4. 成品评价

(1) 感官评价

豆浆饮料：呈黄白色、质地均匀，有豆香味。

腐竹：呈黄白色、明亮透光，枝条均匀、有腐竹产品特有的风味和质地。

(2) 豆浆饮料稳定性评定

① 快速判断法：在洁净的玻璃杯内壁上倒少量饮料成品，若其形成牛乳似的均匀薄膜，则证明该饮料质量稳定。

② 自然沉淀观察法：将饮料成品在室温下静置于水平桌面上，观察其沉淀产生时间，沉淀产生的越早，则证明该饮料越不稳定。

(3) 质地测定

使用旋转黏度计、色差计测定样品的黏度和色差；应用食品质地测定仪的TPA探头测定腐竹的硬度和泡发后的弹性韧性。

四、问题讨论

1. 影响豆浆稳定性的因素有哪些？如何提高豆浆饮料的稳定性？
2. 探讨腐竹生产中豆乳的加热温度和膜的韧度之间的关系。
3. 比较豆腐皮和大豆的营养价值。
4. 影响腐竹品质的因素有哪些？如何进行实验设计，优化腐竹加工操作？

五、参考文献

[1] NY/T 1052—2014 绿色食品豆制品．

[2] 曾学英．经典豆制品加工工艺与配方．长沙：湖南科技出版社，2013，8.

[3] 张明．大豆 豆浆 豆腐．天津：天津科学技术出版社，2014.

[4] 李诗龙．腐竹食品的现代加工技术．粮油加工与食品机械，2005 (3)：72-74.

[5] 视频：爱课程/食品技术原理/9-5/媒体素材/腐竹制造．

汪建明

实验12　钙盐豆腐和内酯豆腐的制作

一、实验原理和目的

大豆蛋白质发生热变性之后，加入钙盐破坏蛋白质外层的水化膜和双电层；改变大豆蛋白质溶液的等电点，使蛋白质从溶胶状态转变为凝胶状态。在蛋白质凝胶的网络中包含了水分，成为具有弹性的豆腐类制品。制作手工豆腐使用卤水（氯化钙和氯化镁的混合物）或石膏（硫酸钙）作为凝固剂，生产时需要对大豆蛋白凝胶进行压制和脱水。内酯豆腐使用δ-葡萄糖酸内酯作为凝固剂，生产时在包装袋（盒）内凝固，不需要压制和脱水。豆腐的制作受到豆浆温度、豆浆浓度、豆浆pH、凝固剂种类等因素的影响。本实验要求掌握豆腐制作的基本原理并探索这些因素对于豆腐凝胶质量的影响。

二、实验材料和设备

1. 实验材料

大豆、硫酸钙、氯化钙、δ-葡萄糖酸内酯、卤水。

2. 实验设备

混料罐、加热锅、磨浆机、豆腐布、豆腐模框、温度计、pH计、天平、压榨器、塑料包装容器、塑料热合机、豆乳比重计、质构仪。

三、实验内容

1. 工艺流程

点浆→凝固→上箱→压制→切块→钙盐豆腐
↑
大豆→浸泡→水洗→磨制→煮浆→冷却→混合→灌装→加热成型→冷却→内酯豆腐

2. 操作要点

（1）豆乳的制作

① 浸泡：按1∶3添加泡豆水，水温17～25℃，pH在6.5以上，时间为8～12h，浸泡适当的大豆表面比较光亮，没有皱皮，豆瓣易被手指掐断。

② 水洗：用自来水清洗浸泡的大豆，去除浮皮和杂质，降低泡豆的酸度。

③ 磨制：用磨浆机磨制水洗的泡豆，磨制时每千克原料豆加入50～55℃的热水4000mL。

④ 煮浆：煮浆使蛋白质发生热变性，煮浆温度要求达到95～98℃，保持2min。

（2）钙盐豆腐

① 点浆和凝固：用稠度计测定豆浆的浓度，应不小于11%，测量温度为70～75℃。分别使用硫酸钙或卤水作为凝固剂，硫酸钙的加入量为0.8%～1.5%，卤水的加入量为0.8%～1.0%。用水混匀硫酸钙或溶解卤片后在搅拌之下加到豆浆之中，迅速搅拌后静置，保持20～25min以凝固成豆脑。

② 上箱压制：把豆脑轻轻地撒在豆腐布上，包好放在豆腐箱内，在盖板上施加压力，压制5～20min。

（3）内酯豆腐

① 冷却：δ-葡萄糖酸内酯在30℃以下不发生凝固作用，为使它能与豆浆均匀混合，把豆浆冷却至30℃；但δ-葡萄糖酸内酯的混合物可以使豆浆的凝固温度提高到60℃以上，因此使用新的δ-葡萄糖酸内酯时，需要确认其凝固温度。

③ 灌装：把混合好的豆浆注入塑料盒，每盒重200g，用热合机封口。

④ 加热凝固：把封装好的豆浆盒放入锅中隔水静置加热，当温度超过50℃后，δ-葡萄糖酸内酯开始发挥凝固作用，使袋内的豆浆逐渐形成豆脑。加热的水温为90℃，加热10min后立即冷却，以保持豆腐的形状。

3. 异常工艺条件的实验设计

（1）不同加热条件对于大豆蛋白凝胶的影响。

（2）硫酸钙和氯化钙对于豆腐凝固速度、豆腐品质的影响。

4. 成品评价

（1）感官指标：色泽呈白色或淡黄色；气味和滋味具有豆腐特有的香味，无异味；块形完整，软硬适宜，质地细腻，有弹性；无肉眼可见外来杂质。

（2）理化指标

水分：钙盐豆腐85%～90%，内酯豆腐≤90%。

蛋白质：钙盐豆腐5.0%～7.0%，内酯豆腐≥5.0%。

(3) 评价方法：根据NY/T 1052—2014《绿色食品　豆制品》进行评价。

(4) 质地测定：应用食品质地测定仪的TPA探头测定两种豆腐的凝胶强度。

四、问题讨论

1. 制作内酯豆腐的两次加热各有什么作用？
2. 豆腐的凝固剂的作用原理是什么？
3. 影响钙盐豆腐品质的因素有哪些？如何进行实验设计，优化豆腐加工操作？
4. 根据实验结果，试设计一条内酯豆腐的生产线。

五、参考文献

[1] NY/T 1052—2014 绿色食品　豆制品.

[2] 黄明伟，刘俊梅，王玉华等. 大豆蛋白组分与豆腐品质特性的研究. 食品工业科技，2015，13：94-98.

[3] 邹艳楠. 豆腐加工生产中几个关键问题研讨. 黑龙江科学，2015，07：80.

[4] 于新，吴少辉. 叶伟娟. 豆腐制品加工技术. 北京：化学工业出版社，2012.

[5] Keshun Liu. Soybeans Chemistry，Technology and Utilization. Springer，1997.

[6] 视频：爱课程/食品技术原理/9-5/媒体素材/豆腐制造技术.

汪建明

实验13　腐乳的制作

一、实验原理和目的

腐乳是我国独特的大豆发酵食品。民间传统法生产腐乳均为自然发酵，现代酿造多采用蛋白酶活性高的鲁氏毛霉或根霉发酵法，采用细菌发酵的只有东北的克东腐乳。在豆腐坯上接种毛霉，经过培养繁殖，分泌蛋白酶、淀粉酶、谷氨酰胺酶等多种酶系，在长时间后发酵中与淹坯调料中的酵母、细菌等协同作用，使腐乳坯蛋白质缓慢水解，生成多种氨基酸，加之由微生物代谢产生的各种有机酸与醇类作用生成酯，形成细腻、鲜香等腐乳特色。本实验要求掌握腐乳发酵的工艺过程，观察腐乳发酵过程中的变化，加深对腐乳生产中的主要过程的认识。

二、实验材料和设备

1. 实验材料

毛霉斜面菌种、马铃薯葡萄糖琼脂培养基（PDA）、无菌水、豆腐坯、面曲、甜酒酿、白酒、黄酒、食盐。

2. 实验设备

250mL种子瓶、搅拌棒、小刀、小型匀浆机、小笼格、喷雾器、恒湿恒温培养箱、小竹筐、四旋瓶。

三、实验内容

1. 工艺流程

毛霉菌悬液 → 原料豆腐→制坯→毛霉菌前酵→腌坯、控卤（沥干）→灌装密封→贮存后酵→成品

（毛霉菌悬液↓ 接入“毛霉菌前酵”；汤料配制↓ 接入“灌装密封”）

2. 操作要点

（1）霉菌悬浮液制备：在PDA琼脂培养基上，于25℃培养2d生长旺盛的毛霉种子瓶中，加入无菌水100mL，将霉菌膜洗下用小型匀浆机打成均匀的液态状备用。

（2）原料处理：选取含水量为71%～72%原料豆腐，用刀切成2.4cm×2.4cm×1.2cm坯形。

（3）前发酵准备：将40块豆腐坯，竖立于预先消毒的有竹底的木框盒内，均匀排列；块间距为一块坯的厚度。

（4）接种：将已制备好的毛霉菌悬浮液用喷雾器均匀地喷射接种到排列好豆腐坯的前、后、左、右、上五个面上。

（5）菌丝培养及前发酵：将接菌后的豆坯置于（28±1)℃恒湿恒温培养箱中，培养12～14h后可以观察到生长的菌丝，到22h左右已布满豆坯，物料温度开始上升。这时可进行第1次翻笼，即调整上下层的位置，使品温相对平衡。培养28h以后，菌丝已大部分成熟长满白色的毛霉菌丛，此时笼内温度为35～36℃以上可进行第2次翻笼。32h后，笼内温度再次升高时，可以将笼盒交错摆放，控制温度升高，使菌体老化。这个周期一般为2d左右。

（6）后发酵：经前发酵的毛坯先用手工将菌丝分开或抹倒，使毛坯块上形成一层衣皮。然后将毛坯逐渐拆开，并进行合拢，使块与块不相粘连。

（7）腌坯：先在竹筐底部撒一层盐，再将毛坯平放成圈地排列其中，注意圈间要紧靠。每放置一层后，用手压平全面，再撒一层盐，直至装满，加盐量为下少上多。然后于室温下边腌制边控卤，使腌坯收缩，大约3d后需放在16%的盐水中淹没坯面，待2～3d后取出沥干。

（8）红方的汤料配制：按红曲米8g，面曲（即做面酱用的大曲）7g，甜酒酿250g的比例配制红方腐乳的汤料，先用甜酒酿浸泡红米和面曲2d，研磨细，即为红方腐乳的汤料。

（9）装瓶后酵：将腌制沥干后的豆坯20块，装入经预先洗净消毒的四旋瓶中，再将红方腐乳的汤料灌入瓶内，淹没腐乳，并加适量面盐和50°白酒，加盖密封，在常温下贮藏6个月成熟。

3. 成品评价

（1）感官指标：鲜红色或枣红色，断面呈杏黄色或酱红色；质地细腻；咸淡适口，无异味；块形整齐，无杂质；有豆腐乳独特的香味。

（2）理化指标：水分≤72%，氨基态氮（以氮计)≥0.42%，水溶性蛋白质≥3.20g/100g，食盐（以氯化钠计)≥6.5g/100g，总酸（以乳酸计)≥1.30g。

（3）评价方法：按照SB/T 10170—2007《腐乳》进行评价。

四、问题讨论

1. 简述我国腐乳制品的主要分类及其生产过程的特点?
2. 腐乳生产发酵原理是什么?
3. 腌坯时所用食盐含量对腐乳质量有何影响?
4. 影响豆腐乳产品质量的因素主要有哪些?如何提高腐乳制品的品质?

五、参考文献

[1] SB/T 10170—2007 腐乳.

[2] 王瑞芝. 中国腐乳酿造. 第二版. 北京:中国轻工业出版社,2009.

[3] 汪建明,张燕,于水淼,贺乐,李立英. 速熟腐乳生产中腐乳成分及微观结构的分析. 天津科技大学学报,2015,04:35-39.

[4] 视频:爱课程/食品技术原理/9-5/媒体素材/腐乳加工技术.

汪建明

第五章　水果、蔬菜工艺实验

实验1　青椒的保鲜

一、实验原理和目的

青椒采收后仍具有生命力，活的机体对不良外界环境和微生物的污染具有抗性。生命活动越强，鲜度下降的速度也越快，因此，在不破坏机体正常生理机能的前提下，通过控制影响鲜青椒产品生理生化变化的各种因素，尽可能使青椒生命活动处于下限状态，便可延长货架时间。本实验要求理解青椒采后处理的方法和技术措施，掌握蔬菜采后贮运销过程中外形的观察和记录方法以及蔬菜常见物理性状的测定方法。

二、实验材料和设备

1. 实验材料

青椒、聚乙烯（PE）保鲜袋（规格为20cm×30cm）。

2. 实验设备

GY-1型果实硬度计、质构仪、色差计、塑料筐、细绳、天平、冷藏展示柜。

三、实验内容

1. 工艺流程

原料选择→预冷→包装→贮藏

2. 操作要点

（1）原料选择：挑选无病虫害、成熟度、大小相近的青椒50个作为实验原料，其中10个用于贮藏前指标测定。

（2）预冷：置于8℃冷藏展示柜中预冷1h。

（3）包装：预冷后采用保鲜袋包装。

（4）贮藏：置于10℃的冷藏展示柜贮藏，并以自然室温为对照。每个贮藏组20个果，其中4个用于测定不同贮藏期（第7d、第14d、第21d、第28d）的失重率和好果率（固定，每个果均进行标号）；另16个分别于第7d、第14d、第21d、第28d时出库，观察其货架寿命，每次4个果均进行标号，在自然室温中让其逐渐衰老，以腐烂为寿命终止。

3. 成品评价

（1）质量：用天平测定。

（2）颜色：通过目测，分别以绿（色级1）、1/3红（色级2）、1/2红（色级3）、2/3红

(色级 4) 4 个级别记录；使用色差计测定样品的 L^* 、a^* 、b^* 值。

(3) 硬度：采用 GY-1 型果实硬度计测定果实硬度；使用质构测定仪测定果实的物性。

(4) 失重率：采用称量法，测出贮藏前和贮藏后果实的质量，则可求出因蒸腾失水而失重的百分率。

(5) 好果率：凭目测、手摸直接判断果实的腐烂个数（果皮），则：

$$好果率=(总果数-腐果数)\times 总果数\times 100\%$$

(6) 贮藏寿命：以出库时好果率不低于 80%为标准计算其贮藏时间。

(7) 货架寿命：以出库后置常温下好果率不低于 80%为标准计算其放置时间。

四、问题讨论

1. 简述贮藏温度的作用。
2. 影响货架期长短的因素有哪些？
3. 目测颜色分级的数值与色差计的测定值有何关联？
4. 果实硬度计的测定值与质构测定仪测定值有何关联？

五、参考文献

[1] 周山涛等．果蔬贮运学．北京：化学工业出版社，1998.

[2] 李喜宏等．实用果蔬保鲜技术．北京：科学技术文献出版社，2000.

[3] 李家庆等．果蔬保鲜手册．北京：中国轻工业出版社，2003.

[4] 视频：爱课程/食品技术原理/11-1/媒体素材/蔬菜储藏和加工．

胡云峰

实验 2　鲜切莲藕的保鲜

一、实验原理和目的

鲜切（fresh-cut）果蔬又称半加工果蔬、调理果蔬、轻加工果蔬、最少加工果蔬（minimally processed fruits and vegetables)，是指以新鲜果蔬为原料，经清洗、去皮、切割或切分、修整、包装等加工处理，供消费者立即食用或餐饮业使用的果蔬加工产品。它与罐装果蔬和速冻果蔬相比，具有新鲜、营养、方便、100%可食的特点。莲藕切分后容易腐败变质和发生酶促褐变，保鲜液浸渍和保鲜包装的方法是鲜切果蔬生产中常用的 2 种防止产品品质劣变的有效方法。本实验对切割莲藕进行保鲜液浸泡处理后采用托盘进行包装，并模拟超市货架条件，观察鲜切莲藕在放置过程中的品质变化。本实验要求掌握鲜切莲藕的制作方法及其品质的评价方法。

二、实验材料与设备

1. 实验材料

莲藕、柠檬酸、食盐、维生素 C、次氯酸钠、山梨酸钾、聚乙烯保鲜膜、塑料托盘。

2. 实验设备

不锈钢刀、烧杯、塑料篮、一次性手套、冷藏展示柜、色差计。

三、实验内容

1. 工艺流程

原料选择→清洗→杀菌→切片→保鲜液处理→沥干→包装→贮藏

2. 操作要点

(1) 原料选择、清洗：选择无机械伤、无病虫害莲藕 2kg，预先预冷后用自来水清洗去除表面泥污、杂质。

(2) 杀菌：将洗净的莲藕放入 0.01%浓度的次氯酸钠溶液中浸泡 10～15min 杀菌。杀菌后用自来水清洗 1～2 次，以减少其表面的氯残留。

(3) 切分：使用锋利的刀具将莲藕去蒂后，按节切断并横切成 3～4mm 厚的薄片。

(4) 保鲜处理：将莲藕平均分成 4 份，1 份直接浸泡于清水中 3～5min 作为对照，其余 3 份分别于 1g/kg 柠檬酸＋0.3g/kg 山梨酸钾、5g/kg 食盐＋0.3g/kg 山梨酸钾、0.5g/kg 维生素 C＋0.3g/kg 山梨酸钾保鲜液中浸泡 3～5min。

(5) 沥干：将切片从保鲜液中捞出后放在通风良好的地方沥干。

(6) 包装：将切片装入塑料托盘中，排列整齐，用聚乙烯保鲜膜密封。

(7) 贮藏：将包装好的莲藕切片置于 (5±0.5)℃的冷藏展示柜中贮藏 3～7d，观察其品质的变化。

3. 成品评价

运用感官评价和色差计评价不同保鲜液对鲜切莲藕贮藏效果的影响。标准成品要求切片色泽洁白，具有莲藕特有的清香气味。

(1) 感官评价成立 6 人小组对不同保鲜液处理的莲藕进行分级评价，评价标准如下：0 级：肉质洁白有光泽，未变色，具有正常的风味；1 级：切面轻微变黄，风味变淡，无不良异味；2 级：切面变黄，且呈轻微水渍状，无异味；3 级：大部分呈水渍状，发黏，有异味。

(2) 色泽变化使用色差计测定样品切面的 L^*、a^*、b^* 并计算白度值，白度值计算公式如下：

$$白度=100-\sqrt{(100-L^*)^2+a^{*2}+b^{*2}}$$

四、问题讨论

1. 保鲜液具有哪些作用？
2. 鲜切果蔬的保鲜与正常果蔬的保鲜有哪些不同点？为什么？
3. 对鲜切果蔬的保鲜有哪些建议？

五、参考文献

[1] NY/T 1987—2011 鲜切蔬菜.

[2] Rocha AMCN, Morais AMMB. Shelf life of minimally processed apple (cv. Jonagored) determined by color changes. Food Control, 2003, 14: 13-20.

[3] 梁东妮等. 热烫、湿度及包装对鲜切芋艿品质及货架期的影响. 食品工业科技, 2003, (2): 66-68.

[4] 视频：爱课程/食品技术原理/11-4/媒体素材/鲜切蔬菜冷链加工工艺、莲藕的加工.

胡云峰

实验3 糖水橘子罐头的制作

一、实验原理和目的

酸碱法是工业化较为成功的柑橘脱囊衣方法，采用稀盐酸和稀碱对橘瓣进行顺序处理，稀盐酸可水解囊衣中的果胶长链，形成附在橘片上的凝胶状物体；碱的作用一方面中和其中的酸，另一方面继续降解凝胶物，使其脱离橘片。

掌握糖水类水果罐头制造的一般生产过程，了解不同去囊衣方法对糖水橘子罐头品质的影响；掌握固形物的装填量以及糖水浓度的选定方法；了解并初步掌握原材料消耗定额的计算过程和方法；不同杀菌条件对成品品质及保存期的影响。

二、实验材料和设备

1. 原辅材料

橘子、白砂糖、盐酸、氢氧化钠、甲基纤维素、β-环状糊精、金属罐或玻璃瓶。

2. 仪器设备

台秤、天平、不锈钢容器、酸碱处理容器、温度计、糖度计、烧杯、汤勺、漏勺、手套、纱布、真空表、杀菌锅、封罐机、电炉。

三、实验内容

1. 工艺流程

糖水制备 ↓

原料验收→洗果分级→烫橘→去皮、分瓣→去囊衣→漂洗→整理→装罐称重→排气密封→杀菌→冷却、成品

↑ 空罐（瓶）洗涤、消毒

2. 工艺要点

（1）原料验收：要求橘子形态完整，颜色均一，成熟度在8～9成，橘子无畸形没有虫斑，不腐烂。

（2）选果分级：按果实横径每隔10mm分成一级。

（3）烫橘：95～100℃水中浸烫30～45s。

（4）去皮、分瓣：趁热剥去橘皮、橘络，并按大小瓣分级。

（5）去囊衣：半去囊衣，0.15%盐酸溶液浸泡30min后，再用0.05%的氢氧化钠溶液30℃浸泡5min，随后以清水漂洗2h；全去囊衣，用0.09%盐酸溶液浸泡20min后，再用0.09%氢氧化钠45℃浸泡5min，随后以清水漂洗30min。

（6）整理：全去囊衣，橘片装入带水盒中逐瓣去除残余囊衣，橘络及橘核，并洗涤一次；半去囊衣，橘皮用弧形剪心刀去心并去核，以流动水洗涤一次。

（7）糖水配制

① 装罐用糖水中糖液浓度按下式计算：

$$Y(\%)=(W_3Z-W_1X)/W_2\times100$$

式中　W_1——每罐装入果肉量，g；

W_2——每罐装入糖水量，g；

W_3——每罐净重，g；

X——装罐前果肉可溶性固形物含量，%；

Y——装罐用糖水的浓度，%；

Z——要求开罐时糖水的浓度，%。

② 糖水中β-环状糊精浓度为0.6%

③ 糖水配制

根据所需浓度及用量直接称取砂糖和水。放入不锈钢筒中加热、搅拌、溶解，煮沸5～15min后趁热过滤，校正浓度后备用。

测定糖液浓度时，注意温度校正。

(8) 空罐洗涤和消毒：空罐用清水洗净，再以沸水消毒30～60s后倒空备用。

(9) 装罐：净重500g，橘瓣250g，糖水250g。每罐的橘瓣数量、色泽形态基本一致，糖水装满。

(10) 排气、密封：采用热力排气，罐头中心温度达到80℃以上；排气后迅速密封、杀菌。

(11) 杀菌冷却：玻璃瓶，净重500g，杀菌条件为（10～20)min/100℃，（75℃水下锅)。杀菌后急速冷却至40℃左右。

(12) 原材料消耗定额：接工艺损耗率编算定额。工艺损耗率的计算用基数连减法，各道工序的工艺损耗率，都以第1次的投料为基数，连续相减（增重率相加)，它的“差”即为利用率。

$$利用率(\%)=100\%-(各项工艺损耗率-增重率)$$

$$原料定额(kg/T)=\frac{固形物装入量(kg/T)}{利用率(\%)}$$

在实验过程中注意各工序数据的获得。根据所获得的数据计算出各工序的损耗率，一般有以下各项损耗率：皮、籽、不合格果料、增重、其他和总利用率。

3. 不同工艺比较实验

杀菌条件为：5min/100℃，10min/100℃，15min/100℃，20min/100℃其他同正常罐。

4. 成品的检验

检验项目	检验结果
色泽	橘片呈橙黄色或橙黄色，汤汁澄清
滋味气味	酸甜适口，无异味
组织形态	橘片饱满完成，大小厚薄较均匀
净重	500g
固形物	≥50%
糖水浓度	10%

评价方法：根据GB/T 13210—2014《柑橘罐头》进行评价。

四、讨论题

1. 糖水橘子罐头加工中需注意什么问题？
2. 讨论不同的去囊衣方法对糖水橘子罐头品质有什么关系？
3. 讨论不同杀菌时间与温度和成品的质量关系如何？

4. 橘子罐头出现苦味的原因，在加工过程如何预防苦味的产生？

五、参考文献

[1] GB/T 13210—2014 柑橘罐头.
[2] 赵晋府. 食品工艺学. 北京：中国轻工业出版社，2008.
[3] 杨邦英. 罐头工业手册. 北京：中国轻工业出版社，2002.
[4] Shan Y. Canned Citrus Processing：Techniques，Equipment and Food Safety. Academic Press，2015.
[5] 视频：爱课程/食品技术原理/11-6/媒体素材/橘子的罐藏.

吴涛

实验 4　草莓果酱的制作

一、实验原理和目的

果胶是一种胶体物质，存在于植物的细胞间隙，其化学结构是半乳糖醛酸甲酯以 α-1,4 键形成的聚合物。在一定温度下，当果胶、糖、酸比例适当时，就会形成凝胶，成为果酱和果冻食品。果胶形成的凝胶，按果胶中甲氧基含量的不同有两种，一种是高甲氧基果胶型的凝胶，另一种是低甲氧基果胶的离子结合型凝胶。高甲氧基果胶在温度低于 50℃时加入糖使糖浓度达到 60%～70%，加入酸，控制 pH 为 2～3.5 时，就可形成凝胶；而低甲氧基果胶则在有高价金属离子，适量糖和酸存在情况下，才能形成凝胶。本实验要求掌握草莓果酱制造的一般生产过程，理解不同食品增稠剂对草莓果酱品质的影响。

二、实验材料和设备

1. 原辅材料

草莓、白砂糖、柠檬酸、果胶、海藻酸钠、黄原胶、金属罐或玻璃瓶。

2. 仪器设备

台秤、天平、温度计、糖度计、烧杯、汤勺、手套、纱布、水果刀、恒温水浴锅、不锈钢锅、杀菌锅、封罐机、电炉。

三、实验内容

1. 工艺流程

糖液、增稠剂、柠檬酸
↓
原料选择→清洗→去蒂→加热、软化→破碎、过滤→调配→熬制→装罐称重→密封→杀菌→冷却→成品
↑
空罐洗涤、消毒

2. 工艺要点

(1) 原料选择：选择新鲜良好、成熟度高、颜色鲜艳、无霉烂和病虫害的果实，剔除果梗及青果等不合格草莓。

(2) 去蒂：去果蒂时要用手握住蒂把转动果实，或用去蒂刀去尽蒂叶。

(3) 加热、软化：在不锈钢锅中加入果量10%左右的水分，将清洗干净的果实倒入锅中加热到70～80℃，使果实基本软化，同时钝化酶，减少色素等物质氧化。

(4) 破碎、过滤：用破碎机将软化后的果实打成果泥，然后20～30目过筛或者两层纱布，去掉种子和杂质。

(5) 调配：按如下比例准备糖浆等添加剂。草莓2.5kg，砂糖2.0kg，柠檬酸25g，果胶9.0g。

(6) 熬制：在熬制过程中需不停搅拌，以防焦煳。当浓缩到预计的浓度后，再加入果胶，并煮沸。浓缩过程如能在真空浓缩锅中进行，则更有利于提高产品的品质和风味。

(7) 空罐洗涤和消毒，空罐用清水洗净，再以沸水消毒30～60s后倒空备用。

(8) 装罐：净重500g。

(9) 密封：采用热力排气，罐头中心温度达到80℃以上；排气后迅速密封、杀菌。

(10) 杀菌冷却：玻璃瓶，净重500g，杀菌条件为10～20min/100℃（75℃水下锅）。杀菌后分段冷却至40℃左右。

3. 不同工艺比较实验

分别用同等含量的海藻酸钠、黄原胶取代果胶，其他同正常罐。

4. 成品的感官物理检验

检验项目	检验指标
色泽	色泽均匀
滋味与口感	无异味，酸甜适中，口味纯正，果香浓郁
组织状态	均匀，无明显分层和析水，无结晶
涂抹性	易于涂抹，涂层均匀，连续，光滑
总糖	≤65%
可溶性固形物	≥25%

评价方法：根据GB/T 22474—2008《果酱》评价。

四、讨论题

1. 草莓果酱加工中需注意什么问题？
2. 讨论不同的增稠剂对草莓果酱品质有什么关系？
3. 草莓加热软化的机制？

五、参考文献

[1] GB/T 22474—2008 果酱.
[2] Hui Y H. Handbook of fruits and fruit processing. John Wiley & Sons，2006.
[3] 赵晋府. 食品工艺学. 北京：中国轻工业出版社，2008.
[4] 视频：爱课程/食品技术原理/11-5/媒体素材/草莓酱的加工技术.

吴涛

实验5　桃脯的制作

一、实验原理和目的

果脯制作的基本原理是利用高浓度糖液的较高渗透压，析出果实中的多余水分，在果实的表面与内部吸收适合的糖分，形成较高的渗透压，抑制各种微生物的生存而达到保藏的目的。本实验要求掌握桃脯制作的一般生产过程，理解不同原料对桃脯品质的影响。

二、实验材料和设备

1. 原辅材料

久保桃、白砂糖、亚硫酸氢钠、氢氧化钠。

2. 仪器设备

台秤、天平、温度计、糖度计、烧杯、汤勺、手套、水果刀、不锈钢锅、恒温水浴锅、真空搅拌锅、电炉、包装机。

三、实验内容

1. 工艺流程

原料→清洗→碱液去皮→切半→去核→护色→糖渍→糖煮→烘烤→冷却→成品

2. 工艺要点

（1）原料选择：成熟，新鲜，大小适度，肉厚，无腐烂、无损伤的桃子，剔除霉烂和病虫害的果实。

（2）碱液去皮：用4%～6%的氢氧化钠溶液，保持在90～95℃的温度下，浸30～60s，进行脱皮。然后取出桃子投入流动水中冷却。成熟度过高的桃子，则不用碱液去皮，可直接进行热浸后剥皮。热浸后的桃子立即放入清洁流水内冷却，漂洗15min。漂洗时轻轻搅动，使桃子稍有摩擦，脱净果皮。

（3）切半、去核：沿缝对切，挖出果核。

（4）护色：去皮去核后将桃瓣放入0.4%亚硫酸氢钠溶液中浸泡护色。

（5）糖渍：将护色后的桃瓣冲洗干净，随后将桃片浸于浓度30%的糖液中，入真空锅进行抽真空处理，真空度维持在0.08～0.09MPa，抽空15～20min，然后破除真空。或者将桃片浸于浓度30%的糖液中24h。

（6）糖煮：将桃片浸于浓度60%的糖液中煮制，煮制至糖液浓度达到80%后停止加热，浸泡24h，捞出沥干糖液。

（7）烘烤：60～65℃下烘烤至成品要求。

3. 不同原料比较实验

分别用同等重量的水蜜桃、大白桃、黄桃取代久保桃，其他同正常工艺。比较不同种类桃子果脯的品质。

四、讨论题

1. 桃脯加工中需注意什么问题？
2. 桃子去皮的主要机制是什么？
3. 桃脯护色的机制是什么？

五、参考文献

[1] GB/T 10782—2006 蜜饯通则.

[2] 杨玉斌．果脯蜜饯加工技术手册．北京：科学技术出版社，1988.
[3] Hui Y H. Handbook of Fruits and Fruit Processing. John Wiley & Sons，2006.
[4] 赵晋府．食品工艺学．北京：中国轻工业出版社，2008.
[5] 视频：爱课程/食品技术原理/11-5/媒体素材/什锦果脯的加工技术．

吴涛

实验6 清水蘑菇罐头的制作

一、实验原理和目的

蔬菜罐藏是将蔬菜原料经预处理后密封在容器或包装袋中，通过杀菌工艺杀灭大部分微生物的营养细胞，在维持密闭和真空的条件下，得以在室温下长期保存的果蔬加工保藏方法。本实验以蘑菇为原料进行罐头加工，针对蘑菇采收后极易褐变的特点，在工艺过程中强调护色处理，经过预煮、切片、装罐、高压杀菌，达到商业无菌状态，并利用罐藏容器的密封性达到长期保存的目的。本实验要求理解蔬菜罐藏的基本原理，掌握蔬菜罐头的加工工艺。

二、实验材料和设备

1. 实验材料

双孢蘑菇、食盐、柠檬酸、EDTA、四旋瓶。

2. 实验设备

夹层锅或不锈钢锅、高压蒸汽杀菌锅、电炉、天平、台秤、不锈钢刀、不锈钢盆、温度计、汤勺、漏勺等。

三、实验内容

1. 工艺流程

原料→检验→清洗→预煮→拣选、修整→称重→装罐→加盐水→排气→封口→杀菌→冷却→成品

（装罐←空罐准备；加盐水←配盐水）

2. 操作要点

（1）原料：选用菌盖良好、菇色正常、无损伤、无病虫害、菌盖直径20～40mm的蘑菇。

（2）清洗：先在清水中浸泡15min，切忌揉搓或上下搅动。

（3）预煮：用0.1%的柠檬酸液进行预煮。菇水比为1∶（1～1.2）。先在夹层锅内煮沸漂烫2～3min，捞出后立即用清水冷却。

（4）拣选、修整：去除杂质及碎屑，并按大小进行分级，修整菇柄，使其小于8mm。

（5）配盐水：预煮菇汤中加入2.5%的盐、0.05%～0.06%的柠檬酸和0.01%～0.015% EDTA，加热溶化后过滤。

（6）空罐准备：四旋瓶用清水洗净，再以沸水消毒30～60s后倒置备用。

（7）装罐：将整朵菇与块菇分别装罐，使每罐内容物形状、大小基本一致，装填量应达

净重的 55%，然后装盐水，保持 3～5mm 的顶隙度。

(8) 排气：采用加热排气法，使中心温度达到 75～90℃，然后立即封罐。

(9) 杀菌：10～30min/110℃。

(10) 冷却：杀菌后迅速分段冷却至 37℃。

3. 异常工艺条件的实验设计

(1) 省略预煮过程。

(2) 预煮用清水进行。

4. 成品评价

(1) 感官指标：色泽呈淡黄色，汤汁清晰；具有鲜蘑菇加工的蘑菇罐头应有的滋味和气味，无异味；组织柔软而有弹性，菌径 18～35mm，同一瓶（罐）内菌径大小均匀，菌盖形态完整，无畸形菇和开伞菇，菌柄长度不超过 8mm，同一瓶（罐）内菌柄长度基本一致。

(2) 理化指标：固形物含量≥53.0%，氯化钠含量 0.6%～1.3%，pH 5.2～6.4。

(3) 评价方法：按照 GB/T 14151—2006《蘑菇罐头》进行评价。

四、问题讨论

1. 预煮液中添加柠檬酸的作用是什么？
2. 盐水中添加 EDTA 的作用是什么？
3. 在工业生产中，应选用什么设备？
4. 以本工艺流程为基础，还可以采用什么单元操作保藏蘑菇？

五、参考文献

[1] GB/T 14151—2006 蘑菇罐头.

[2] 刘大勇. 蘑菇罐头颜色变化机理探讨. 食品工业科技，2000，21 (1)：34-36.

[3] 视频：爱课程/食品技术原理/11-6/媒体素材/食用菌加工技术.

刘锐

实验 7　番茄酱和番茄沙司的制作

一、实验原理和目的

番茄酱是鲜番茄的酱状浓缩制品，呈深红或红色酱体，具番茄的特有风味，是一种富有特色的调味品，一般不直接入口。番茄酱由成熟红番茄经清洗、破碎、打浆、去除皮和籽等粗硬物质后，经浓缩、装罐、杀菌而成。干物质含量一般分 22%～24%和 28%～30%两种。

番茄沙司是以浓缩番茄酱为主要原材料，添加或不添加食糖、食盐或冰醋酸、香辛料和食用增稠剂等辅料均匀混合、调制、杀菌而成的复合调味料，也称番茄调味酱。其主要原料——番茄酱中含有大量的果胶，因此番茄酱具有弱凝胶的特性。醋、盐、糖、香料等除调味的作用以外，还在不同程度上起到防腐、稳定产品的作用。

本实验要求掌握番茄酱和番茄沙司的加工工艺。

二、实验材料和设备

1. 实验材料

番茄、白砂糖、食盐、食醋、葡萄糖、变性淀粉、异抗坏血酸、黄原胶、洋葱、大蒜、红辣椒粉、生姜粉、玉果粉、丁香、桂皮、水、四旋瓶。

2. 实验设备

夹层锅或加热锅、打浆机、不锈钢刀、配料罐、胶体磨、杀菌设备、灌装设备、温度计、折光计、旋转式黏度计、pH 计、色差计、天平、台秤。

三、实验内容

1. 工艺流程

番茄酱：

原料选择→清洗→修整→预热打浆→加热浓缩→灌装密封→杀菌→冷却→成品

↑ 空罐准备（接灌装密封）

番茄沙司：

香料处理→熬调味液→过滤→调味液

番茄酱、食盐、砂糖搅拌、其他辅料→加热→调配（加入调味液）→均质→灌装→密封→杀菌→冷却→包装

2. 参考配方

（1）番茄：用于番茄酱实验的原料量，根据工艺和设备确定。

（2）调味液：洋葱 66.7g，食醋 37g，丁香 3.7g，桂皮 5.2g，生姜粉 0.75g，红辣椒粉 2.6g，大蒜 0.75g，玉果粉 0.56g，清水 370g。

（3）番茄沙司：固形物含量为 28%～30%的番茄酱 296g，白砂糖 156g，调味液 74mL，葡萄糖 74g，食盐 26g，维生素 C 0.75g，食醋 16mL，变性淀粉 15～25g，用饮用水补至 1000g。

3. 操作要点

（1）番茄酱

① 原料选择：选用大红、全红、可溶性固形物含量高和成熟的新鲜番茄做原料，剔除裂果、腐烂果。

② 清洗：用清水洗净果面的泥沙、污物。

③ 修整：切除果蒂及绿色和腐烂部分。

④ 预热打浆：将修整后的番茄倒入沸水中 2～3min，使果软化，便于打浆。打浆时，通常采用双道打浆机打浆，第一道筛孔直径为 1.0～1.2mm，第二道筛孔直径为 0.8～0.9mm。打浆后浆汁立即加热浓缩，以防果胶酶作用而分层。实验室可以考虑使用小型食品打浆机。

⑤ 加热浓缩：番茄原浆通常含可溶性固形物 4%～7%，必须经浓缩排除大量水分，才

能达到制品所需求的28%左右的浓度。当可溶性固形物达28%时停止加热。浓缩过程中注意不断搅拌，以防焦煳。实验室可以考虑使用不锈钢锅和电炉加热浓缩。

⑥ 装罐密封：将瓶盖、玻璃瓶先用清水洗干净，然后用沸水消毒3～5min，沥干水分，装罐时保持罐温40℃以上。浓缩的番茄酱需快速加热至90～95℃，趁热装罐（酱温不低于85℃），装瓶后迅速拧紧瓶盖。

⑦ 杀菌冷却：采用水浴杀菌，5～25min/100℃，升温时间5min，沸腾下保温25min；然后产品分别在75℃、55℃水中逐步冷却至40℃左右，得成品。

（2）番茄沙司

① 香料处理：洋葱剥去外皮，切除根须，洗净后切成细丝；大蒜去除根须，剥去外衣，洗净后斩成碎末；桂皮洗净后敲碎使用；丁香洗净后使用；辣椒粉、玉果粉、生姜粉用布袋包扎。

② 熬调味液：在不锈钢夹层锅（或加热锅）内，加入所有香料（粉状香料装入布袋中）及水和配料中的一半食醋，搅拌均匀，加热煮沸后在微沸下焖煮4～6h，熬煮时必须加盖，熬煮结束后过滤加入另一半食醋储存在不锈钢容器中，调味液在5h内使用。

③ 番茄沙司配制：先将番茄酱、砂糖、食盐及葡萄糖一起倒入夹层锅中加热搅拌至全部溶解后，使用胶体磨均质，然后再加入夹层锅内，并加入调味液煮沸5min以上，同时加入异抗坏血酸，并搅拌均匀出锅，打入贮料桶中准备装罐（瓶）。

④ 灌装和密封。容器处理：把合格的玻璃瓶、盖放入清洗槽中清洗干净，沥去瓶中的水分，放在80℃的杀菌锅中消毒3～5min，及时装入番茄沙司。装瓶量要求：装入量不低于规定净重；装瓶时酱体温度不低于80℃；番茄酱不得污染瓶口，若有污染，排除；及时封盖，并保证封口质量。

⑤ 杀菌与冷却：常压蒸汽杀菌20min，杀菌时瓶体竖直放置，盖朝上，冷却时分两级冷却，先在50～60℃的水中冷却10min，再放入20℃左右的水中冷却至40℃以下。冷却完毕沥干水分。

4. 改良工艺条件的实验设计

（1）在调配时添加变性淀粉、黄原胶等作为增稠剂。

（2）改变番茄酱的浓度。

5. 成品评价

（1）番茄酱

① 感官指标：色泽呈深红色或红色，允许酱体表面有轻微褐色；组织形态呈均匀细腻的酱体，无肉眼可见的外来异物；具有番茄酱应有的气味和滋味，无异味。

② 理化指标：可溶性固形物（折光计）不低于28%，pH 4.0～4.5。

③ 评价方法：按照NY/T 956—2006《番茄酱》进行评价。

④ 物性检测：使用旋转或黏度计测定样品的黏度，使用色差计测定样品的色差。

（2）番茄沙司

① 感官指标：色泽呈均匀的鲜红色；组织形态呈均匀细腻的酱体，可含有香辛料小颗粒，无肉眼可见的外来异物；具有番茄调味酱应有的气味和滋味，无异味。

② 理化指标：可溶性固形物（折光计）不低于20%，pH 3.6～4.0，氯化钠含量2.5%～3.0%。

③ 评价方法：按照SB/T 10459—2008《番茄调味酱》进行评价。

④ 物性检测：使用旋转或黏度计测定样品的黏度，使用色差计测定样品的色差。

四、问题讨论

1. 番茄酱黏稠度对调味酱质量有何影响？
2. 番茄调味酱中番茄酱含量对产品质量有什么影响？
3. 在番茄调味酱中添加增稠剂对产品品质有什么影响？
4. 在工业生产中，应选用什么设备？

五、参考文献

[1] NY/T 956—2006 番茄酱.
[2] SB/T 10459—2008 番茄调味酱.
[3] 李鹏. 番茄调味酱生产制造工艺. 食品工业科技，2001，22：3.
[4] 陈军. 增稠剂在番茄调味酱生产中的应用. 中国食品添加剂，2007，(Z1)：382-385.
[5] 视频：爱课程/食品技术原理/11-9/媒体素材/番茄酱、番茄加工线、番茄汁.

刘锐

实验 8　酸菜的制作

一、实验原理和目的

自然界或人工培养的乳酸菌发酵白菜中的单糖生成乳酸，是腌渍酸菜的基本反应。厌氧环境不仅促进乳酸菌的生长，而且抑制好氧微生物如单胞菌、霉菌和酵母菌的生长。形成厌氧环境是腌渍酸菜的关键环节。本实验要求掌握酸菜制作的方法。

二、实验材料和设备

1. 实验材料

大白菜（菜叶鲜嫩、菜帮洁白、菜心基本结实、无病虫害），抗坏血酸。

2. 实验设备

不锈钢锅、菜刀、聚乙烯塑料袋、大口塑料桶。

三、实验内容

1. 工艺流程

鲜白菜→整理→洗涤→漂烫→冷却→入袋（桶）→封口、压紧→灌水→发酵→成品

2. 操作方法

（1）整理：大白菜切去菜根，剥去老帮、黄帮；每棵质量超过 1kg 者，从根部纵向各劈成两瓣；每棵质量超过 2kg 者，纵向切成 4 瓣。

（2）洗涤：用水洗净泥土杂质等。

（3）漂烫：将洗涤的白菜浸没在沸水锅中，漂烫 2～3min 至菜帮呈乳白色，以菜叶柔

熟透明，脆度不变，不疲软为度。

（4）冷却：将白菜从沸水中捞出，立即投入清水中，冷却至常温。

（5）入袋（桶）、封口：

① 把聚乙烯塑料袋衬在桶内侧，再将冷却的白菜捞出，排列在袋内，一层菜根对菜根，一层菜梢对菜梢，排满袋。用绳扎紧袋口。

② 将冷却的白菜捞出，排列在桶内，一层菜根对菜根，一层菜梢对菜梢，用不锈钢孔板压住白菜。

（6）灌水：将水灌入装满白菜的桶，水漫过袋的顶部10cm，或水漫过菜的顶部10cm。

（7）发酵：灌水后，在0～20℃下自然发酵20d左右即为成品。

3. 成品评价

（1）感官指标：酸菜叶呈淡黄色至深黄褐色，酸菜心呈玉白色至微黄色，应具有特有的酸味、香气，不得有其他异味。组织致密，质地脆嫩，手触应有韧感。无正常肉眼可见异物。

（2）理化指标：总酸（以乳酸计）/(g/100g)≥0.4。

（3）根据DBS 22/025—2014《酸菜》进行评价。

四、问题讨论

1. 自然界什么乳酸菌是发酵酸菜的主要发酵剂？上述工艺过程如何促进乳酸菌发酵并抑制有害微生物的生长？

2. 工业化生产选择什么工艺流程和设备？

五、参考文献

[1] DBS 22/025—2014 酸菜.

[2] 杜连祥，赵征. 乳酸菌及其发酵制品生产技术. 天津：天津科技出版社，1999.

[3] 视频：爱课程/食品技术原理/11-4/媒体素材/东北酸菜的制作、酸黄瓜.

王田心

实验9 腌菜的制作

一、实验原理和目的

栅栏技术通过多种安全控制技术协同的温和作用，使食品达到微生物指标和稳定性要求，将食品的潜在危害性与生产和商业流通过程中品质的劣变降低到最小程度。最重要的栅栏因子包括：温度、水分活性、pH、氧化还原电势，防腐剂，竞争性微生物等，同时结合应用多种栅栏技术，而每种技术只应用到中等水平，食品的组织、品质、风味、颜色、保质期等有不良影响的技术因子要尽量降低其强度。以植物性食品为原材料的腌渍物，在食盐加大渗透压后，植物细胞开始脱水，降低水分活性，降低pH。食盐发挥自身的杀菌作用，延长腌渍菜的贮藏时间。本实验要求掌握腌渍菜的制作方法，从栅栏技术角度，理解腌渍菜的加工及保藏原理。

二、实验材料和设备

1. 原辅材料

黄瓜500g；盐187.5g；调味液参考配方：水200mL，砂糖50g，酱油100mL，香油5mL，辣椒油10mL，味精5g，醋50mL。

2. 仪器设备

聚乙烯袋、菜刀、砧板、尼龙蒸煮袋、不锈钢量具和容器。

三、实验内容

1. 工艺流程

腌制蔬菜→蔬菜脱盐→调味液调制→腌制→装瓶封口→杀菌→成品

2. 工艺要点

（1）原料预处理：清洗黄瓜。用黄瓜重量12%的盐预腌2d。预腌后，手工搓揉腌的黄瓜，并将搓揉的黄瓜放入沥水筐，盖以重物，存放于阴凉干燥处。静置8h以上，脱水后，再用黄瓜质量25%的盐复腌10d。

（2）脱盐：黄瓜切成1～2cm厚度的圆片，在流水中脱盐。脱盐到感官检验无明显咸味。

（3）制备调味液：根据参考配方，使用酱油、砂糖、食盐、醋、香油、辣椒油、味精调制。

（4）调味：挤压去除盐渍蔬菜的水分，将调味液与黄瓜充分混合搅拌。

（5）装袋、封口：采用150g尼龙蒸煮袋包装产品。

（6）杀菌：采用水浴杀菌，95℃（10～15min）对产品进行杀菌，冷却到室温保存。

四、讨论题

1. 本实验中如何运用栅栏技术保藏蔬菜？
2. 本实验中需要做哪些检测？
3. 工业化生产选择什么工艺流程和设备？

五、参考文献

[1] GB 2714—2015 酱腌菜．
[2] 初峰，黄莉．食品保藏技术．北京：化学工业出版社，2010.
[3] 森孝夫．食品加工学実験書．京都：化学同人，2003.
[4] 视频：爱课程/食品技术原理/11-4/媒体素材/蔬菜酱制、酸黄瓜．

王田心

实验10　苹果汁的分离与澄清

一、实验原理与目的

苹果汁是由新鲜苹果经挑选和洗净、榨汁等方法制得的汁液。苹果适合加工成清澈透明的澄清汁。苹果汁中存在的果胶，有很强的保护胶体的作用，能使果汁保持稳定的混浊度。同时，在贮藏过程中，果胶易与一些金属离子结合使果汁产生凝固沉淀。因此，需要对苹果汁进行澄清处理。常用的澄清方法主要有自然澄清法、热处理法、冷冻法、酶法、加澄清剂法、离心分离法、超滤法等。其中，酶法是利用果胶酶水解果汁中能够引起混浊的果胶物质，使得果汁变成澄清透亮的清汁，具有快速、简便、效果好等特点。本实验利用果胶酶对苹果汁进行澄清、分离，生产出清澈透明的澄清苹果汁。本实验要求熟悉澄清苹果汁的加工过程，掌握苹果汁的分离和澄清方法，了解澄清苹果汁产品质量的技术要求、主要影响因素和控制方法。

二、实验材料和设备

1. 实验材料

新鲜苹果、果胶酶、抗坏血酸。

2. 实验设备

切刀、破碎机、榨汁机、滤布或振动筛、玻璃瓶天平、水浴锅、温度计、计时器、可见分光光度计、台秤。

三、实验内容

1. 工艺流程

原料选择→清洗→切块、破碎→榨汁（加抗坏血酸护色）→初滤→原汁→
加入果胶酶澄清→复滤→清汁→灌装→冷藏→评价

2. 操作要点

（1）原料选择：要求苹果无腐烂变质果，无病虫害果，成熟度在八成以上。

（2）清洗：用干净的清水去除果皮表面的污物。

（3）切块、破碎：将苹果切成适当大小的苹果块，然后用破碎机将其破碎。

（4）榨汁：把破碎后的苹果送入榨汁机榨汁，把第一次榨汁后的果渣加少量清水搅拌均匀后再重榨一次，以提高出汁率。同时，在榨汁时放入0.1%的抗坏血酸进行护色。

（5）初滤：压榨出来的新鲜果汁中含有大量的粗纤维和其他杂质，先用滤孔大小约为0.5mm的滤布进行过滤，目的是滤出粗纤维和其他杂质，然后再用120目的滤布进行细滤，或者选用振动筛进行过滤。

（6）加入果胶酶澄清：在过滤后的原汁中加入0.4%的果胶酶，在pH4.0、温度45℃下静置一段时间。

（7）复滤：澄清后的苹果汁取上层清液，再用抽滤瓶抽滤，去掉悬浮颗粒，即得到了澄清苹果汁。

（8）容器的清洗与消毒：采用玻璃瓶包装，先用1%的高锰酸钾溶液浸泡包装容器和盖1h，然后用纯净水冲洗干净，倒置备用。

（9）灌装和冷藏：将果汁迅速灌装，在7～10℃冷藏。

3. 成品评价

（1）感官指标：产品具有苹果固有的滋味和香气，无异味；澄清透明，无沉淀物，无悬浮物；无正常视力可见的外来杂物。

（2）理化指标：可溶性固形物（20℃，以折光计）≥65.0%；透光率≥95.0%；浊度≤3.0NTU。

（3）评价方法：按照 GB/T 18964—2012《浓缩苹果汁》进行评价。果汁澄清度的测定：采用可见分光光度法，以蒸馏水为参比，在波长 660nm 下测定苹果汁的透光率。用透光率表示苹果汁的澄清度。

四、问题讨论

1. 简述澄清苹果汁大规模加工工艺及关键设备？
2. 澄清苹果汁的方法有哪些？它们各有什么优点和缺点？
3. 影响澄清苹果汁品质量的关键因素有哪些？如何控制这些因素？
4. 果胶酶澄清苹果汁的原理是什么？
5. 使用抗坏血酸对于果汁的护色有何影响？

五、参考文献

[1] GB/T 18964—2012 浓缩苹果汁.
[2] 汪东风. 食品科学实验技术. 北京：中国轻工业出版社，2006.
[3] 任小青，刘营. 苹果汁澄清方法的研究. 天津农学院学报，2004 (4)：43-45.
[4] 邵长富，赵晋府. 软饮料工艺学. 北京：中国轻工业出版社，2005.
[5] 视频：爱课程/食品技术原理/11-9/媒体素材/苹果汁.

胡爱军

实验 11　油炸马铃薯片的制作

一、实验原理与目的

油炸马铃薯片是将新鲜马铃薯清洗、去皮、切片后，经油炸、调味而制成的马铃薯方便食品。马铃薯片能较好地保持马铃薯营养成分和色泽，味美适口，质地酥脆，受到人们的喜爱。通过本实验的学习，可以更好地掌握休闲食品油炸马铃薯片的制作工艺。

二、实验材料与设备

1. 实验材料

市售马铃薯、棕榈油、花生油、亚硫酸氢钠、柠檬酸、氢氧化钠、食盐、调味料等。

2. 实验设备

不锈钢锅、不锈钢刀、切片机、电热油炸锅、温度计、电子天平、台秤、离心机、搅拌棒、100 目筛。

三、实验内容

1. 工艺流程

马铃薯原料→清洗、挑选→去皮→切片→护色→漂洗→油炸→调味→冷却→包装→产品

2. 参考配方

辣椒粉 21.6g，胡椒粉 13.5g，五香粉 13.5g，食盐 48.6g，味精 2.8g。

3. 操作要点

（1）选料

一般要求选择马铃薯块茎还原糖含量低，形状整齐，大小均一，芽眼浅，密度大，含淀粉和总固形物量高的品种。

（2）去皮

常见的去皮方法包括以下几种。

① 机械去皮：摩擦作用。

② 化学去皮（碱液去皮）：将马铃薯浸泡于质量分数为15%～25%的 NaOH 溶液中，将温度上升至 90℃保持 2min 左右，待马铃薯皮软化后取出，用清水冲洗，并用手去掉表皮，用刀挖去芽眼及变绿部分。

③ 热力去皮：高压蒸汽或沸水。

④ 手工去皮：实验时一般采用手工去皮的方式，而在实际生产过程中要根据不同的要求选用不同的去皮方法。

（3）切片

放入切片机进行切片，片厚 1.5～2mm，要求薄片厚薄均匀、表面光滑，可以适当的减少耗油量。

（4）护色

切完片后，放入护色液（0.045% $NaHSO_3$ +0.01%柠檬酸）中浸泡 30min。

（5）漂洗

将马铃薯片用自来水反复漂洗，洗去残留的护色液以及马铃薯表面的淀粉粒，冲洗结束后将马铃薯片控干，或用离心机甩去水分。

（6）油炸

油炸时用一般的不锈钢锅即可。油炸是决定马铃薯片颜色好坏的关键。将油温控制在150～170℃之间，放入控干的马铃薯片，加入量多少以均匀地漂在油层表面为宜，以防止马铃薯片伸展不平，一般炸 3min 左右。油炸过程中，不停搅动，防止贴锅。

（7）调味

马铃薯片炸好后，应立即加盐或调味料。可将调味料放在 100 目的筛内，使调味料均匀地分布到马铃薯片上。待马铃薯片冷却后即可包装。

4. 产品评价

（1）感官指标：片形较完整；色泽基本均匀，无油炸过焦的颜色；具有马铃薯经加工后应有的香味，无焦苦味、哈喇味或其他异味；具有油炸或焙烤马铃薯特有的薄脆的口感；无正常视力可见的外来杂质。

（2）理化指标：杂色片≤400%，脂肪≤50.0%，水分≤5.0%，氯化钠≤3.5%，酸价（以脂肪计）≤3.5mg KOH/g，过氧化值（以脂肪计）≤0.25g/100g，羰基价（以脂肪计）≤20.0mmol/kg。

（3）评价方法：按照 QB/T 2686—2005《马铃薯片》进行评价。

四、问题讨论

1. 为什么选用还原糖含量低的原料？

2. 马铃薯去皮或切片后在空气中褐变的主要原因？如何控制才能获得良好的护色效果？护色机理是什么？

3. 与常温油炸相比，真空油炸有什么优点？

五、参考文献

[1] QB/T 2686—2005 马铃薯片.

[2] 张天文. 油炸马铃薯片的传统制作方法. 农产品加工，2008，(6)：25-27.

[3] 李凤云. 马铃薯薯片制品的种类及加工工艺简介. 中国马铃薯，2002，(5)：311-314.

[4] 视频：爱课程/食品技术原理/11-7/媒体素材/马铃薯片.

胡爱军

实验 12　姜片的热风和微波干燥

一、实验原理和目的

生姜为姜科姜属多年生草本植物的根茎，具有丰富的营养价值和药用价值。新鲜的生姜含水量高达 90%以上，不易于常温储藏，干燥处理成为其长期贮存的一种重要手段。热风干燥是以湿空气为传热介质，将热量传递给湿物料使其水分气化，从而达到干燥的目的。热风干燥具有操作简单、设备投入资金少等优点，但是也存在着干燥效率低、干燥时间长、产品品质较差等缺点。微波干燥物料的基本原理是：微波透入物料的内部，与物料中的极性分子相互作用，使分子急剧的摩擦和碰撞，致使物料的每一部分都能同时获得热量来蒸发干燥。微波干燥技术以其干燥速度快、节约能源、无污染等特点越来越受到人们的关注。微波与热风联合干燥是集成了微波干燥及热风干燥各自优势的一项新型的干燥技术，具有干燥速率快、产品质量好、节能环保的特点。本实验分别采用热风干燥、微波干燥、热风与微波联合干燥三种方式对姜片进行干燥处理，比较三种不同的方式对生姜片干制品品质的影响。本实验要求掌握三种干燥方式的操作技术，理解生姜片干藏的原理。

二、实验材料和设备

1. 实验材料

生姜、柠檬酸、氯化钙。

2. 实验设备

电热鼓风干燥箱、微波炉、切片机、甩干机、干燥器、有盖的称量瓶、温度计、天平。

三、实验内容

1. 工艺流程

原料选择→清洗→去皮→切分→护色→漂洗、甩干→干燥→冷却→密封保存

2. 操作要点

（1）原料选择：加工原料宜选用肉质肥厚，结实少筋，块形较大，完整，无表面缺陷，纤维还未老，具有生姜辛辣的鲜嫩姜。太老太嫩均不适宜，病原菌、霉菌致使生姜表面具有黑斑、腐烂的应剔除。

（2）清洗：用流动的清水清洗生姜表面附着的泥沙、杂质等。

（3）去皮：用去皮刀刮掉生姜的表皮，去皮要尽量彻底。

（4）切分：要求刀片锋利、刀盘平稳，速度适中，以保证姜片表面平滑，片条厚薄均匀。姜片厚度以 3mm 左右为宜。

（5）护色：按照 1∶2（g/mL）的比例将姜片加入到护色液（0.1%柠檬酸-0.1%氯化钙）中，加热至 90℃时开始计时，热烫 10min，立即连同护色液一同冷却并冷浸 30min。

（6）漂洗、甩干：将护色后的姜片用流动水反复漂洗，洗去姜片表面残留的护色液；冲洗结束后用甩干机甩干水分。

（7）干燥

① 热风干燥：将甩干的姜片放在电热鼓风干燥箱中，在 70℃下烘一段时间直至姜片湿基含水量达到 6%～8%。

② 微波干燥：将甩干的姜片放在微波炉中，在微波功率为 119W 条件下干燥，干燥 2min，间歇 1min，直至姜片湿基含水率达到 6%～8%。

③ 热风、微波联合干燥：采用先热风干燥后微波干燥的方式进行干燥。首先，将姜片放在 70℃的电热鼓风干燥箱中，干燥至转换点含水率为 35%；然后，进行微波间歇干燥，在微波功率为 119W 条件下干燥，干燥 2min，间歇 1min，直至湿基含水率达到 6%～8%。

3. 成品评价

（1）感官指标：产品呈现淡黄色；具有姜特有的香气和辛辣味，无异味；片形完整，厚薄均匀，无碎片。

（2）理化指标：水分≤8.0%；总灰分（以干基计）≤8.0%；酸不溶性灰分（以干基计）≤2.3%。

（3）评价方法：按照 NY/T 1073—2006《脱水姜粉和姜片》进行评价。

四、问题讨论

1. 分别考虑姜片厚度、热风温度、转换点含水率和微波功率对姜片品质有何影响？
2. 热风、微波联合干制与热风干制、微波干制相比有什么优势？
3. 去除清洗环节，对姜片干制有何影响？

五、参考文献

[1] NY/T 1073—2006 脱水姜粉和姜片.

[2] 张钟，郭元新，胡石兵. 生姜片的干制工艺及设备选型，工艺设备，2005，(3)：43-47.

[3] 徐艳阳，杜烨，宋佳等. 生姜片的热风与微波联合干燥工艺优化，中国调味品，2016 (41)：13-19.

[4] 董全，黄艾祥. 食品干燥加工技术. 北京：化学工业出版社，2007.

[5] 视频：爱课程/食品技术原理/11-4/媒体素材/姜的加工技术.

胡爱军

实验13　红心萝卜水溶性色素的提取

一、实验原理和目的

水溶性食用色素广泛应用于食品中，天然的水溶性色素在自然界广泛存在，可以作为食用色素的重要来源，如萝卜红色素、紫甘薯色素、甜菜红色素等都是我国允许生产和在食品中使用的天然水溶性色素品种，此外，还有许多新的水溶性色素资源将被利用，如紫甘蓝色素、紫玉米色素等。本实验以富含花青素类色素的红心萝卜为原料，利用其易溶于水和在酸性条件下稳定的特性，采用酸性水溶液作为提取剂提取色素，并依据大孔吸附树脂对色素的吸附特性进行精制，从而制备出较高色价的食用天然色素。在水溶液中的花青素类物质可以与特定类型的大孔吸附树脂通过氢键结合被吸附到树脂上，而不能被吸附的组分则流出树脂，改变洗脱剂的极性可以使花青素从树脂上解吸下来，从而使其得到分离和精制。

本实验的目的是学习并掌握大孔吸附树脂分离纯化水溶性色素的原理和操作方法。

二、实验原辅材料、仪器设备

1. 原材料和试剂

新鲜的红心萝卜、柠檬酸、磷酸氢二钠、大孔吸附树脂AB-8、乙醇、氢氧化钠。

2. 仪器设备

恒温水浴、温度计、布氏漏斗、循环水泵、小型离子交换柱、部分收集器及恒流泵、pH计、电子天平、分光光度计、电热干燥箱、真空旋转蒸发仪。

三、实验内容

1. 工艺流程

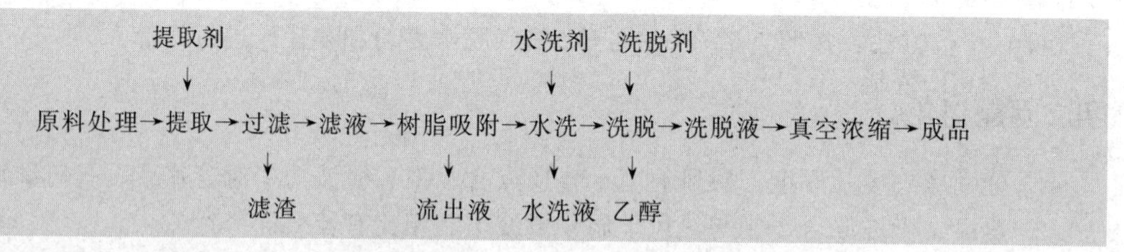

2. 提取剂、洗脱剂和缓冲液的配制

(1) 提取剂：0.5g/100mL的柠檬酸水溶液，300mL。

(2) 水洗剂：0.1g/100mL的柠檬酸水溶液，150mL。

(3) 洗脱剂：60mL/100mL的乙醇水溶液，100mL。

(4) pH3.0柠檬酸-磷酸氢二钠缓冲液，250mL。

3. 操作要点

(1) 原料处理：称取100g新鲜的红心萝卜，清洗干净，切成3～5mm的细丝，置

500mL 容器中。

（2）提取：加入 300mL 提取剂，于 50℃恒温水浴保温提取 1h，间歇式搅拌。

（3）过滤：用纱布或滤布粗过滤，弃去滤渣。滤液用布氏漏斗抽滤，弃去滤渣。记录提取液体积 V_1（mL）。

（4）树脂吸附：将预处理好的大孔吸附树脂湿法装柱，柱床体积约 50mL，整个实验过程保持液面高出树脂面。用蒸馏水或去离子水洗至无乙醇。将色素提取液上柱吸附，吸附流速为每小时 2～4 倍柱床体积（BV/h），观察流出液颜色，至流出液吸光度值达到上柱液的 10％时停止吸附，弃去流出液。

（5）水洗：用 0.1％柠檬酸水溶液 150mL 洗去未被吸附的杂质，流速为 3BV/h，弃去水洗液。

（6）洗脱：用洗脱剂解吸吸附的色素，流速为 1BV/h，待红色液流出时开始收集，至颜色很淡时停止收集。

（7）真空浓缩：在 40℃，真空度 85～100kPa 条件下真空浓缩，回收乙醇，得到精制色素液，记录体积 V_2（mL）。

4. 提取和精制效果评价

通过提取、精制得率和精制后色价提高的倍数评价提取和精制实验的效果。

（1）色价的测定：1％的色素在 pH3.0 柠檬酸-磷酸氢二钠缓冲液中，用 1cm 比色皿测得在其最大吸收波长处的吸光度值。

（2）提取液色素的得率：每 100g 原料经一次提取得到的色素量（以色价计），即总色价。

提取液的总色价测定：取 1mL 提取液，用缓冲液定容至 25mL，在 $\lambda=530$nm 处测定吸光度值 A_0。

$$提取液总色价=V_1\times A\times 1/4$$

（3）提取液的色价（以干物质计）：另取 5mL 提取液用烘干法测定样品的干重率，并计算总干物质量。

$$提取液的色价(以\ g\ 干物质计)=提取液总色价/总干物质量(g)$$

（4）精制色素的得率：每 100g 原料经一次提取并精制后得到的色素量（以色价计），即总色价。

取 0.1mL 精制色素，用缓冲液定容至 25mL，在 $\lambda=530$nm，测定吸光度值 A。

$$精制色素的总色价=V_2\times A\times 2.5$$

（5）精制色素的色价（以干物质计）：另取 5mL 提取液用烘干法测定样品的干重率，并计算总干物质量。

$$精制色素的色价(以\ g\ 干物质计)=精制色素总色价/总干物质量(g)$$

（6）精制后色价提高的倍数

$$精制后色价提高的倍数=精制后样品的色价(以干物质计)/提取液的色价(以干物质计)$$

5. 树脂的回收与处理

用 2mol/L 的 NaOH 处理 2h，用蒸馏水洗至中性。

6. 注意事项

整个实验过程要保持色谱柱中液面高出树脂面，否则柱床中会产生气泡影响吸附和解吸效果。

四、问题讨论

1. 提取温度对提取率的影响有何趋势？
2. 为什么在提取剂和水洗剂中加柠檬酸？
3. 测定花色苷的色价时，为什么要用pH3.0的柠檬酸-磷酸氢二钠缓冲液？
4. 工业化生产采取什么流程和设备？

五、参考文献

[1] GB 25536—2010 食品添加剂　萝卜红.
[2] 吕晓玲等. 紫玉米芯色素提取工艺条件研究，食品研究与开发，2006，4：76-78.
[3] 王冀等. 大孔吸附树脂法紫玉米色素精制工艺的研究，中国食品添加剂，2006，6：61-64.

实验 14　辣椒脂溶性色素的提取

一、实验原理和目的

油溶性食用色素在食品中应用广泛，天然的油溶性色素在自然界广泛存在，可以作为食用色素的重要来源，如辣椒红色素、红曲红色素、叶黄素、叶绿素、β-胡萝卜素、番茄红素等都是我国允许生产和在食品中使用的天然油溶性色素品种。本实验以富含油溶性色素的红辣椒为原料，利用其易溶于有机溶剂的特性，采用乙酸乙酯作为提取剂提取色素。目的是使学生理解和掌握油溶性色素提取的原理和操作方法。

二、实验材料和仪器设备

1. 原材料和试剂

红色干辣椒、乙酸乙酯、丙酮。

2. 仪器设备

微型植物试样碎粉机、旋转蒸发器、真空干燥箱、水循环式多用真空泵、电子天平、分光光度计、恒温水浴锅。

三、实验内容

1. 工艺流程

提取剂
↓
原料处理→干粉→提取→过滤→减压蒸馏→真空干燥→成品
↓　　↓
弃滤渣　回收溶剂

2. 操作要点

(1) 干红辣椒去籽，去梗，用自来水冲洗2～3次，晾干，放入60℃鼓风干燥箱干燥

3h，粉碎过 10～20 目筛，备用。

（2）称取 2g 红辣椒粉于 500mL 圆底烧瓶中，加入 40mL 溶剂乙酸乙酯，安装好回流装置，在 80℃恒温水浴中，提取色素 1.5h。

（3）用抽滤装置过滤，60℃、真空度 0.085～0.1MPa 条件下浓缩回收溶剂，60℃、真空度 0.085～0.1MPa 条件下真空干燥到恒质量，得到辣椒红色素产品。

3. 样品评价

（1）辣椒红色素色价测定：准确称取 W 克样品，精确至 0.002g，用丙酮溶解，定容到 100mL，再稀释一定倍数后，用分光光度计在 460nm 处测其 A 值：

$$E(\text{色价},1\%,1\text{cm},460\text{nm})=Af/W$$

式中 E——被测试样 1%，1cm 比色皿，在最大吸收峰 460nm 处的吸光度；

A——实测试样的吸光度；

W——样品质量；

f——稀释倍数。

（2）色素相对量：辣椒色素质量 m 与色价 E 的乘积，用来表示色素的提出效果：

$$\text{色素相对量}=mE$$

（3）辣椒红色素产率＝辣椒红色素的质量/辣椒粉末的质量×100%

四、问题讨论

1. 除乙酸乙酯外，辣椒红色素还可以用哪些溶剂提取？
2. 用此方法提取的辣椒红色素粗品中可能含有哪些杂质？
3. 如果要除去色素中包含的辣味成分，可以采取什么方法？
4. 工业化生产辣椒红色素采取什么流程和设备？

五、参考文献

[1] 张亮．酵母红色素的提取、分离及其抗氧化功能的研究．天津：天津科技大学硕士论文，2004.

[2] 张泽生，赵娟娟等．超声波辅助提取番茄皮渣中番茄红素工艺的研究，食品科技，2008，1，140-145.

[3] 胡江良，杨亚玲，刘谋盛，柴军红．辣椒红色素提取工艺研究．2007，36（8），803-806.

第六章 水、饮料、酒工艺实验

实验1 实验用水和包装饮用水的制备

一、实验原理和目的

本实验采用反渗透法制备实验用水以及密封于符合食品安全标准和相关规定的包装容器中的可供直接饮用的水。反渗透方法的原理是在高于溶液渗透压的作用下，依据其他物质不能透过半透膜的原理而将这些物质和水分离开来。反渗透膜的孔径非常小，能够有效地去除水中的无机盐、胶体、微生物和有机物等。离子交换树脂可以除去水中的离子。本实验要求理解实验用水和包装饮用水的制备原理，掌握操作方法。

二、实验材料和设备

1. 实验材料

自来水、阴离子交换树脂、阳离子交换树脂、塑料瓶、水检测项目的试剂。

2. 实验设备

小型反渗透水处理系统、砂滤器、活性炭过滤器、离子交换器、臭氧灭菌系统、精密过滤器、贮水罐、纯净水贮水罐、紫外线灭菌灯、纯净水容器、电导仪、pH计、分光光度计。

三、实验内容

1. 工艺流程

自来水→贮水罐→纯水泵→砂滤→活性炭吸附→保安过滤器→反渗透→

臭氧杀菌或紫外线杀菌→灌装→密封→检验→包装饮用水

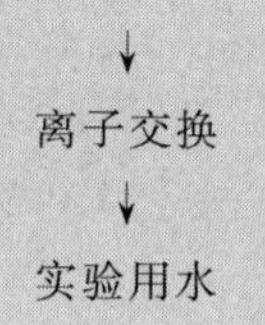

2. 操作要点

(1) 打开水源阀门，启动原水泵。

(2) 按下适行开关，启动整个反渗透系统。

(3) 逐渐调节高压阀（工作压力不超过1.7MPa），观察并记录各仪表的变化。

(4) 泵送反渗透处理的水至离子交换器，除去水中的阳离子。

(5) 如果制备实验用水，可以从离子交换器的贮水器中取水。

(6) 如果制备饮用水，按下紫外线灭菌灯的开关或使用臭氧灭菌器进行消毒。

(7) 灌装并封口。

3. 成品评价

(1) 使用电导仪测定原料水及每一步骤的产品水的电导率值。根据 GB/T 6682—2008《分析实验室用水规格和试验方法》的规定，实验用水电导率（25℃）一级、二级和三级标准分别为≤0.1μS/cm、≤1μS/cm 和≤5μS/cm。

(2) 测定原料水以及每一步骤的产品水的吸光度。根据 GB/T 6682—2008 实验用水吸光度值（254nm，1cm 光程）一级和二级标准分别为≤0.001 和≤0.01。

(3) 感官评价不同杀菌方法杀菌的包装饮用水的色度、气味和滋味。包装饮用纯净水浑浊度≤1，色度≤5。

(4) 微生物限量见表 6-1。

表 6-1 包装饮用水的微生物限量

项目	采样方案及限量			检验方法
	N	*c*	*m*	
大肠菌群/(CFU/mL)	5	0	0	GB 489.3 平板计数法
铜绿假单胞菌/(CFU/250mL)	5	0	0	GB/T 8538
样品的采样及处理按 GB 4789.1 执行。				

四、问题讨论

1. 系统压力对纯净水的制备有何影响？
2. 臭氧杀菌和紫外线杀菌的原理是什么？
3. 水的电导和硬度有何联系？
4. 水中有哪些杂质？如何除去？

五、参考文献

[1] GB/T 6682—2008 分析实验室用水规格和试验方法.
[2] GB 19298—2014 包装饮用水.
[3] 视频：爱课程/食品技术原理/12-2/媒体素材/饮用水.

陈野

实验 2 碳酸饮料的制作

一、实验原理和目的

碳酸饮料是指在一定条件下充入二氧化碳气的制品，不包括由发酵法自身产生的二氧化碳气的饮料，成品中二氧化碳气的含量（20℃时体积倍数）不低于 2.0 倍。碳酸饮料是由水、调味糖浆和二氧化碳等组成的。本实验采用二次灌装法，通过水果味汽水的制作，了解碳酸饮料的一般生产过程、影响碳酸饮料碳酸化作用的主要因素，掌握糖水浓度、碳酸饮料含气量的基本测定方法和要求，熟悉实验室制取碳酸饮料技术。

二、实验材料和设备

1. 实验材料

砂糖、苯甲酸钠、安赛蜜、柠檬酸、日落黄、胭脂红、橘子香精、工业酒精、二氧化碳气、工业烧碱、汽水瓶。

2. 实验设备

碳酸水混合机（天马汽水混合机，型号：TM703-1）、糖度计、压力表、汽水机、二氧化碳钢瓶、毛刷、橡皮手套、塑料盆、汽水箱、不锈钢配料桶、台秤、天平、量筒、汤勺、烧杯、温度计、PET 瓶及瓶盖。

三、实验内容

1. 工艺流程

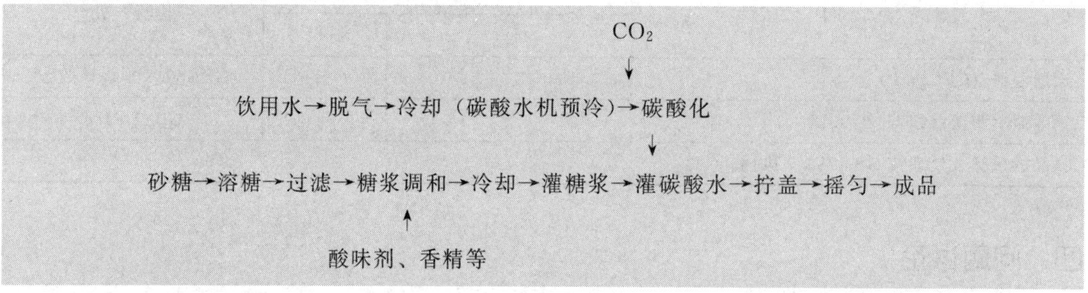

CO_2
↓
饮用水→脱气→冷却（碳酸水机预冷）→碳酸化
↓
砂糖→溶糖→过滤→糖浆调和→冷却→灌糖浆→灌碳酸水→拧盖→摇匀→成品
↑
酸味剂、香精等

2. 饮料用水的碳酸化

碳酸化是将二氧化碳和水混合的过程，其程度直接影响产品的质量和口感。二氧化碳和水经过碳酸水混合机，在一定的压力、一定的温度下，经一定时间的作用后就可得到所需含气量的碳酸水。在本实验中，为了增大二氧化碳在水中的溶解度，碳酸水机需要预冷，因此需要预先组装碳酸水混合机备用。

本实验采用的汽水机的碳酸水制备过程为：连接饮用水管道，打开碳酸水机，预冷两小时。此时饮用自来水先经砂棒过滤器过滤，然后送入冷却储桶内进行冷却，待水冷却到要求温度（一般为 0～4℃）后泵入混合机中，同时通入二氧化碳进行碳酸化。二氧化碳的压力通过调节阀控制，打开钢瓶阀，使水和二氧化碳充分混合，可在碳酸水机得到含有一定二氧化碳气的碳酸水。

3. 糖浆配制

（1）原辅料的制备

① 原糖浆的制备：按照配方将糖溶解于一定量水中，再经过滤、调整浓度而得到的糖水即为原糖浆。制备原糖浆必须采用优质砂糖，用水符合生产用水要求。

溶糖方法有热溶和冷溶两种。冷溶法适合于立即使用或短期内即可消费的饮料；热溶法适于需长期储存的饮料。热溶法溶解时，应加以适当搅拌，同时去除在加热时表面出现的凝固杂物，以免影响饮料的风味。通常糖浆应煮沸 5min 杀菌，糖浆的浓度一般在 55～65°Bx。

② 防腐剂：使用时预先配制成浓度为 25% 的苯甲酸钠溶液，添加标准应符合 GB 2760—2014《食品安全国家标准　食品添加剂使用标准》。

③ 酸味剂：使用酸味剂调整糖酸比，使饮料更适口，同时有助于防止饮料变质。在饮料生产中常用的酸是柠檬酸和磷酸，酸使用前应先配制成20%的溶液。

④ 色素：色素使用前应先用少量糖浆加以稀释，固体色素应先用少量热水溶化。

（2）糖浆调配

将原糖浆投入不锈钢配料桶中，在不断搅拌下加入各种辅料，其加入顺序为：原糖浆、苯甲酸钠溶液、安赛蜜、酸溶液、浓缩果汁、色素、香精，最后用处理水定容至规定容积。

（3）配方（表6-2）

表6-2　碳酸饮料配方/(g/1000mL)

原辅料名称	橘子汽水	柠檬汽水	菠萝汽水
砂糖	100	110	100
苯甲酸钠	0.2	0.15	0.15
安赛蜜	0.15	0.15	0.15
柠檬酸	1.3	1.4	1.4
日落黄	0.02	—	0.001
胭脂红	0.001	—	—
香精	15(mL)	0.4(mL)	0.5(mL)

4. 汽水的灌装

灌装步骤如下。

（1）准备瓶子，将瓶子清洗消毒，再用纯净水冲洗干净。

（2）按配方将配制好的糖浆水预先倒入PET瓶中，在瓶中灌入每瓶汽水总量20%的果味糖浆。

（3）将碳酸水灌入瓶中距瓶口2～3cm中，立即拧紧瓶盖。

（4）摇匀，并检查是否有沉淀。

5. 产品评价

（1）感官要求：具有反应该类产品特点的外观、滋味，不得有异味、异臭和外来杂物。

（2）理化指标：二氧化碳气容量（20℃）≥1.5倍，果汁型碳酸饮料果汁含量（质量分数）≥2.5%。

（3）评价方法：GB/T 10792—2008《碳酸饮料（汽水）》。

四、问题讨论

1. 二氧化碳在碳酸饮料中有什么作用？

2. 碳酸饮料在测定成品糖度时，为什么必须先使汽水中的二氧化碳气完全逸出？

3. 影响汽水含气量的因素有哪些？在实验中如何保证和提高成品的含气量？

4. 在碳酸饮料生产中，一次灌装法和二次灌装法有什么不同？现在工业生产中一般采用哪种灌装法？

五、参考文献

[1] GB/T 10792—2008碳酸饮料（汽水）.

[2] 阮美娟，徐德才．饮料工艺学．北京：中国轻工业出版社，2013.

[3] 中国饮料工业协会．国家职业资格培训教程：饮料制作工．北京：中国轻工业出版社，2010.

[4] Maurice Shachman. The Soft Drinks Companion. New York：CRC Press，2005.

[5] 视频：爱课程/食品技术原理/12-3/媒体素材/碳酸饮料的制造．

刘会平

实验3 茶饮料的制作

一、实验原理和目的

茶饮料为以茶叶、茶叶的水提取液或其浓缩液、茶粉等为原料，经加工制成的饮料。按其加工调味又分为：原茶汁（茶汤）、茶浓缩液、茶饮料、果汁茶饮料、奶茶饮料、复（混）合茶饮料和其他茶饮料七大类。茶多酚和咖啡因是茶饮料的特色成分。茶中含有茶多酚、淀粉、蛋白质、果胶、茶多糖等物质而出现茶沉淀问题是茶饮料加工中的技术关键之一。茶汤在不同pH形成茶乳酪的能力不同，绿茶和红茶在pH4左右最容易形成茶乳酪，将茶汤调整到pH4左右以使茶汤充分形成沉淀后除去。本实验要求理解形成茶沉淀的原因，初步掌握解决茶沉淀的方法，同时掌握一种茶饮料的生产工艺。

二、实验材料和设备

1. 实验材料

茶或茶粉、茶叶提取浓缩液、砂糖、食盐、柠檬酸、β-环糊精、处理水、耐高温PET瓶（或玻璃瓶）。

2. 实验设备

浸提锅（罐）、滤布、水处理设备、温度计、纸版过滤机、调配锅（罐）、灌装器（机）、PET瓶封盖机、杀菌锅、pH计。

三、实验内容

1. 工艺流程

路线1：茶粉→溶解
↓
砂糖→溶糖→净化→调配→精滤→杀菌→灌装、密封→成品
↑↖香精、酸等
路线2：茶叶浸提→澄清、过滤→茶提取液

2. 操作要点

（1）原料处理：茶叶要选择当年的茶叶，最好是新茶。如果是陈茶，或贮藏过久的茶，宜通过适当供焙以改善原料茶的品质。

（2）水处理：符合我国饮用水标准的自来水再经过离子交换树脂、反渗透等处理后使用。

（3）浸提：茶叶粒径40～60目；茶水比1∶20；提取条件：85℃浸提20min，浸提后立即过滤除去浸提液中的茶渣和杂质，并迅速冷却。

（4）防沉淀技术：①调酸沉淀法，使用柠檬酸调节pH到3.2～4之间，充分沉淀后过滤；②低温沉淀法，将滤液于5℃下充分沉淀后过滤；③包埋法，添加10～25g/L的β-CD，

在25℃下低速搅拌20min。

（5）调配

① 参考配方

A. 茶汤：茶浸提液15%～20%（或茶粉0.12%～0.15%），抗坏血酸钠0.05%～0.1%（或抗坏血酸钠0.03%～0.07%，碳酸钠0.004%），砂糖2%～5%。

B. 茶饮料：茶浸提液8%～20%（或茶粉0.10%～0.15%），砂糖5%～10%，抗坏血酸钠1%，β-环糊精0.05%，茶香精0.02%～0.08%，柠檬酸0.1%～0.3%，二甲基二碳酸盐0.02%。

② 溶糖：采用热溶法，融适量处理水加热煮沸5～15min，过滤后备用。

③ 调和：各种固体辅料用适量处理水溶解、过滤后使用。

④ 可用柠檬酸（或碳酸氢钠）调整茶饮料pH。

（6）杀菌、灌装、密封

A：茶汤（pH 5～7）：UHT杀菌，121℃，4s冷却至85～90℃后趁热罐装密封，急速冷却；85℃热灌装密封后杀菌，杀菌条件5min/121℃。

B：茶饮料pH＜4.5：可以适当降低热杀菌条件。

3. 成品评价

（1）感官指标：具有该产品应有的色泽、香气和滋味，允许有茶成分导致的混浊或沉淀，无正常视力可见的外来杂质。

（2）理化指标：主要理化指标见表6-3。各种茶饮料的具体理化指标见GB/T 21733—2008《茶饮料》。

表6-3　茶饮料理化指标

项　　目		茶饮料(茶汤)	调味茶饮料	复合茶饮料
茶多酚含量/(mg/kg)	≥	300～500	100～200	150
咖啡因/(mg/kg)	≥	40～60	20～35	25

（3）评价方法：按照GB/T 21733—2008《茶饮料》规定方法评价。

四、问题讨论

1. 为什么在浸提工艺开始之前一般要将去离子水煮沸？
2. 比较三种防沉淀技术的特点，并分析其获得防沉淀的效果机理。
3. 茶饮料在制作过程中还可以采用什么方法进行防沉淀处理？
4. 哪些是茶饮料生产的必备设备，工业生产中选用什么设备？

五、参考文献

[1] GB/T 10789—2015 饮料通则.
[2] GB/T 21733—2008 茶饮料.
[3] 阮美娟，徐德才. 饮料工艺学. 北京：中国轻工业出版社，2013.
[4] 方元超，赵晋府. 茶饮料生产技术. 北京：中国轻工业出版社，2001.
[5] 刘松涛，陆小燕，徐美娅. 无糖绿茶饮料的研制. 食品工业，2004，(2)：26-28.
[6] 易诚，宾冬梅. 藤茶饮料工艺研究. 食品工业科技，2005，(9)：113-115.

阮美娟

实验4　果肉饮料的制作

一、实验原理和目的

果肉饮料是以果浆、浓缩、水为原料，添加或不添加果汁、浓缩果汁、其他食品原辅料和/或食品添加剂，经加工制成的饮品。果肉饮料由于含有果肉果粒而容易引起分层和沉淀，这是果肉饮料加工中的关键问题之一。要使果肉颗粒稳定需要控制好沉降速度，根据Stokes定律适当减小果肉果粒的直径、提高流体密度可有效地控制果肉颗粒沉降速度，保证果肉饮料的稳定性。高压均质可以使果粒微细化、均匀化，添加黄原胶、CMC-Na等稳定剂能改善流体密度从而有效控制果粒的沉降。

本实验要求在了解果肉型饮料生产的一般工艺过程及必须配备的设备的基础上掌握果肉型饮料的基本要求和特点；在了解引起果肉饮料分层沉淀原因的基础上，初步掌握解决该技术问题的方法。

二、实验材料和设备

1. 原辅材料

山楂或桃等水果、胡萝卜、砂糖、稳定剂、酸味剂、玻璃瓶、皇冠盖。

2. 仪器设备

打浆机、胶体磨、均质机、压盖机、糖度计、不锈钢配料桶、脱气机、台秤、温度计、烧杯。

三、实验内容

1. 工艺流程

原料验收→原料处理→加热软化→打浆→配料→磨浆→脱气→灌装→
压盖→杀菌冷却→检验→贴标→成品

2. 工艺要点

（1）原料：采用新鲜无霉烂、无病虫害、无冻伤、无严重机械伤的山楂，果色为红色或紫红色，成熟度八至九成。

（2）原料处理：先剔除霉烂、病虫害、冻伤等不合格果，然后以清水清洗干净，并摘除过长的果把，用小刀修除干疤、虫蛀等不合格部分，最后再用清水冲洗一遍。胡萝卜需先切除根须，清洗干净后切成小段。

（3）加热软化：洗净的果以2倍的水进行加热软化，沸水下锅，持续5～10min；胡萝卜以3倍的水加热软化20～30min。

（4）打浆：软化后的果趁热打浆，浆渣再以少量水打一次浆。

（5）配料：根据果肉型饮料的要求进行配料（原果浆20%～40%；砂糖8%～12%；稳定剂0.05%～0.2%；酸味剂0.08%～0.15%）。

pH视原料果的种类而异，控制在3.5～4.2，色素酌情添加或不添加。

(6) 磨浆：配好料后的浆用胶体磨磨浆。

(7) 均质：胶体磨磨好的浆再进行均质处理，均质压力 20MPa 左右。

(8) 灌装、密封：磨细后的果汁灌入预先清洗消毒好的玻璃瓶中，轧盖密封。

(9) 杀菌、冷却：轧盖后马上进行加热杀菌，杀菌条件为 (20～30)min/100℃，杀菌后冷却至室温。

(10) 玻璃瓶的清洗、消毒：采用新玻璃瓶，瓶子先用清水清洗干净，再以蒸汽或沸水消毒，注意保证瓶子温度与物料温度之间的温差在允许范围内。

3. 产品评价

(1) 感官质量标准

色泽：具有原料果特有的色泽，或具有与添加成分相符合的色泽。

滋味及气味：具有原料果应有的滋味及气味，或具有与添加成分相符合的滋味及气味；无异味。

组织及形态：果肉细腻并均匀分散在液汁中；无外来杂质。

(2) 品评方法

用一般感官评定法和模糊综合评判法进行成品品质评定。

4. 析因分析实验设计

本实验要求各组选择影响成品稳定性的因素，如稳定剂的种类、用量、杀菌条件等，进行多因素多水平的实验设计。通过实验结果确定影响成品稳定性的显著性因子。

四、讨论题

1. 不同的稳定剂及加量对成品品质有什么影响？
2. 产品的稳定性与哪些因素有关？怎样保证和提高产品的稳定性？
3. 常用的 CMC-Na 有几种？果肉饮料中应该用哪种？为什么？
4. 果肉饮料的生产必须配备哪些设备？
5. 请列举两个工业化生产果肉饮料的设备。

五、参考文献

[1] GB/T 10789—2015 饮料通则．

[2] GB/T 31121—2014 果蔬汁类及其饮料．

[3] 阮美娟，徐德才．饮料工艺学．北京：中国轻工业出版社，2013.

[4] 赵晋府．食品工艺学．第二版．北京：中国轻工业出版社，2011.

[5] Philip R. Ashurst. Chemistry and Technology of Soft Drinks and Fruit Juices. 3rd Ed. Wiley Blackwell，2016.

阮美娟

实验 5　植物蛋白饮料的制作

一、实验原理和目的

植物蛋白饮料是指用蛋白质含量较高的植物果实、种子以及核果类或坚果类果仁等为原料，和水以一定比例磨碎（或研磨）、去渣后（或不去渣），加入糖、稳定剂、乳化剂等食品添加剂而得到的乳浊状饮品。饮料的感官指标和理化指标符合国家标准。生产植物蛋白饮料的原料包括榛子、大豆、花生、杏仁、核桃、椰子、松子等，除了含有蛋白质外，还有不饱和脂肪酸、碳水化合物、矿物质、各种酶类（如脂肪氧化酶）、抗氧化物质等。这些成分在加工中的状态变化和相互作用往往会引起成品的质量问题，一般是蛋白质沉淀、脂肪上浮、褐变反应或苦涩味的产生等。由于植物蛋白饮料体系的特殊性，如何保证饮料在储存过程中的稳定性、色泽及口感也是研发和生产过程中要考虑的问题。本实验通过核桃露植物蛋白饮料的制作实验，掌握植物蛋白饮料的生产工艺过程，熟悉胶体磨、均质机等设备的使用，尤其是蛋白饮料的生产特性及保证和提高产品质量的方法和措施。

二、实验材料和设备

1. 实验材料

核桃仁、白砂糖、黄原胶、卡拉胶、蔗糖脂肪酸酯、分子蒸馏单甘酯（或复配型稳定剂）、碳酸钠、香精等。

2. 实验设备

九阳料理机、1000mL量杯、玻璃瓶、瓶盖、蒸煮设备、60目尼龙过滤布、胶体磨、均质机、高压灭菌锅、高速剪切机等。

三、实验内容

1. 工艺流程

稳定剂等剪切溶化　　糖、碳酸钠、香精等

↘　↙

核桃仁→浸泡→去皮→磨浆→60目过滤→调配→均质→灌装封口→杀菌→冷却→成品

↑

加热

2. 产品配方（以核桃乳为例）

核桃仁：4%～5%，白砂糖：5%～8%，复配稳定剂：0.2%～0.35%，碳酸钠0.04%～0.08%，香精适量。

3. 操作要点

(1) 核桃仁浸泡：软化细胞结构，降低磨浆时的能耗与磨损，提高胶体分散程度和悬浮性，增加固形物收得率，用10倍于核桃仁的水浸泡1h。

(2) 核桃仁去皮：使用0.8%～1.5%的氢氧化钠溶液浸泡脱皮，浸泡时间为3～8min，将核桃仁从碱液中取出后，使用大量水冲洗，将残存在核桃仁表面的皮清洗除去，并将核桃仁清洗至中性。

(3) 磨浆：首先使用九阳料理机进行初磨粉碎，然后加入40倍水，使用胶体磨进行循环磨浆，循环磨浆时间为3min。注意磨浆时的用水量，保证在调配定容时，水量不会超过计算值。

（4）过滤：使用60目滤布进行过滤，将大颗粒去除。

（5）溶化乳化剂、稳定剂：使用5倍的白糖与乳化剂、稳定剂（或复配型稳定剂）进行干混；然后使用65～80℃、50倍于混合稳定剂的水进行剪切化料，剪切20min。

（6）调配：使用剪切机进行混合，加入砂糖、溶化好的复配稳定剂、核桃浆等进行混合调制，然后按配方进行定容，加入碳酸钠调节pH至微碱性。

（7）均质：可采用两次均质，第一次压力为20～25MPa，第二次压力为35～40MPa，均值温度在70～80℃作用。分析乳化体系的构成和性质以及对乳浊液稳定性的影响。

（8）灌装、杀菌：可采用高温灌装法，灌入玻璃瓶中，然后拧上盖子。高温高压杀菌121℃，15～20min，杀菌后分段冷却。

4. 成品评价

依据GB/T 31325—2014《植物蛋白饮料　核桃露(乳)》进行。

（1）感官要求

外观：乳白色、微黄色，或具有与添加成分相符的色泽，均匀液体，无凝块，允许有少量蛋白质沉淀和脂肪上浮，无正常视力可见杂物。

滋味气味：具有核桃应有的滋味和气味，或具有与添加成分相符的滋味与气味；无异味。

（2）理化指标：蛋白质≥0.55%，脂肪≥2.0%，砷（以As计，mg/L)≤0.2，铅（以Pb计，mg/L)≤0.3，铜（以Cu计，mg/L)≤5.0，食品添加剂按GB 2760规定。

（3）微生物采样方案及限量：按GB 7101—2015《饮料》执行，见表6-4。

表6-4　微生物采样方案及限量

项目	采样方案及限量				检验方法
	N	c	n	M	
菌落总数/(CFU/mL)	5	2	100	10000	GB 4789.2
大肠菌群/(CFU/mL)	5	2	1	10	GB 489.3平板计数法
霉菌/(CFU/mL)	≤20				GB 4789.15
酵母/(CFU/mL)	≤20				GB 4789.15

注：N为同一批次产品应采集的样品件数；c为最大可允许超出n值的样品数；n为微生物指标可接受水平的限量值；M为微生物指标的最高安全限量值。样品的采样及处理按GB 4789.1执行。

四、问题讨论

1. 均质对植物蛋白饮料的稳定性有什么作用？
2. 如何保证和提高植物蛋白的稳定性？如何快速判断或测定稳定性？
3. 植物蛋白饮料生产中，为什么使用碳酸钠或者碳酸氢钠来调整产品的pH值？
4. 在植物蛋白饮料的生产中，原料的预处理方式有哪几种？

五、参考文献

[1] GB/T 31325—2014植物蛋白饮料　核桃露（乳）.
[2] GB 7101—2015饮料.

[3] GB 2760—2014 食品添加剂使用标准.
[4] 赵聪，刘会平. 番茄核桃复合饮料的研制. 饮料工业，2015，(5)：52-56.
[5] Maurice Shachman. The Soft Drinks Companion. New York：CRC PRESS，2005.

刘会平

实验 6　啤酒的制作

一、实验原理和目的

啤酒是以大麦芽和啤酒花作为主要原料生产的一种低酒精度发酵酒。它具有特殊的麦芽香味、酒花香味和适口的酒花苦味，含有一定量的二氧化碳，啤酒倒入杯子中会形成持久不消、洁白细腻的泡沫，这些构成了啤酒独特的风格。啤酒的生产过程是一项复杂的生物化学变化和微生物代谢过程。麦芽在所含有酶的作用下分解成为可溶性的低分子物质，啤酒酵母对其糖类和氨基酸进行代谢，从而完成了从原料到啤酒的转化。啤酒生产工艺条件的制定旨在提供一切适宜的技术条件以发挥各种酶和酵母的最优作用。本实验要求理解啤酒的生产原理，掌握工艺技术。

二、实验材料和设备

1. 实验材料

纯净水、大麦麦芽、酒花、蔗糖、活性干酵母、0.5%碘液。

2. 实验设备

电炉、粉碎机、糖化容器、发酵桶、啤酒瓶、封盖器、冷柜、温度计、糖度计、pH 计。

三、实验内容

1. 工艺流程

酒花（加入麦芽汁煮沸）　酵母（加入啤酒发酵）

糖化制备麦汁→麦芽汁煮沸→澄清→啤酒发酵→后发酵→灌装→成品

2. 操作要点

(1) 糖化制备麦汁：麦芽粉碎，按 1∶4 加水，在 55℃保持 40min 进行蛋白质分解，升温至 63℃，保温至糖化完成。63℃糖化时，每 5min 取清液用 0.5%碘液检测一次，至碘液反应无色。升温至 78℃保持 10min，过滤得到澄清麦汁，补水调整麦汁浓度至 10.5～11°P，麦汁 pH 约为 5.4。

(2) 添加酒花：麦汁煮沸前要预先加足量的水，补充蒸发的损失。总煮沸时间为 90min。在麦汁煮沸过程中添加酒花，酒花添加量为麦汁总量的 0.1%，分 3 次添加。麦汁煮沸后加入酒花总量的 10%。麦汁煮沸 40min 后加入酒花总量的 50%。麦汁煮沸结束前 10min 加入酒花总量的 40%。煮沸完成后冷却沉淀去除酒花。

(3) 活化干酵母：取2g蔗糖放入100mL水中，加热沸腾后冷却至25℃。称取麦汁总量0.05g/100mL的活性干酵母放入以上糖水中，25℃保温30min以上。

(4) 发酵：将麦汁倒入发酵桶中，调整麦汁的温度使其与室温相同（室温＜20℃）。测定麦汁的浓度和pH。将活化好的酵母倒入发酵桶中，搅拌均匀。盖好桶盖，即进入主发酵阶段。发酵桶为带有气锁的耐压容器，气锁可保持发酵产生的二氧化碳，并防止空气进入。

(5) 后发酵：当发酵液的浓度降到4.5°P以下时，主发酵阶段完成，转入后发酵阶段。监测发酵过程。自进入发酵阶段起，每24h取样测定外观、浓度和pH值。

(6) 灌装：将前发酵结束的酒液装入干净的瓶子中，装液量为瓶子体积的85%～90%，每瓶再加入浓度为30%的糖水1%。在室温下放置后转入1℃的冷藏柜中，后发酵7d以上即可成为成品啤酒。

3. 成品评价

(1) 感官指标（以淡色啤酒为例）：外观清亮，透明有光泽；泡沫洁白细腻，泡沫持久挂杯；有明显的酒花香气，口味纯正、爽口，酒体协调，柔和，无异香、异味。

(2) 理化指标（以淡色啤酒为例）：酒精度（体积分数）3.1%～5.5%，残糖浓度≥0.3°P，总酸（2.2～3.5）mL/100mL，二氧化碳0.40%～0.65%（质量分数），双乙酰≤0.10mg/L。

(3) 评价方法：按照GB/T 4928—2001《啤酒分析方法》进行评价。

四、问题讨论

1. 讨论蛋白质分解及糖化温度确定的依据。
2. 酒花为什么要分次添加？
3. 装瓶后为什么要留有一定的瓶颈空间？
4. 后酵时在瓶中补加糖的作用是什么？

五、参考文献

[1] GB 4927—2008 啤酒.
[2] GB/T 4928—2001 啤酒分析方法.
[3] 顾国贤. 酿造酒工艺学. 北京：中国轻工业出版社，1996.
[4] 肖冬光等. 酿酒活性干酵母的生产与应用技术. 呼和浩特：内蒙古人民出版社，1994.
[5] 视频：爱课程/食品技术原理/12-7/媒体素材/GEA啤酒生产过程.

胡云峰

实验7　干红葡萄酒的制作

一、实验原理和目的

葡萄酒是以葡萄为原料，经发酵制成的酒精性饮料。在发酵过程中，将葡萄糖转化为酒精的发酵过程和固体物质的浸取过程同时进行。通过葡萄酒的发酵过程，葡萄果浆变成红葡萄酒，并将葡萄果粒中的有机酸、维生素、微量元素及单宁、色素等多酚类化合物，转移到葡萄原酒中。红葡萄原酒经过贮藏、澄清处理和稳定处理，成为可饮用的葡萄酒。干葡萄酒是指含糖量小于或等于4.0g/L，或者当总糖与总酸的差值小于或等于2.0g/L时，含糖量最高为9.0g/L的葡萄酒。本实验要求理解干红葡萄酒的制作原理，掌握制作方法。

二、实验材料和设备

1. 实验材料

葡萄、白砂糖、果胶酶、酵母、亚硫酸、明胶。

2. 实验设备

手持糖度计、比重计、100mL量筒、分析天平、发酵罐、水浴锅、温度计、pH计、玻璃棒、纱布、布氏漏斗、真空抽滤机、加热锅。

三、实验内容

1. 工艺流程

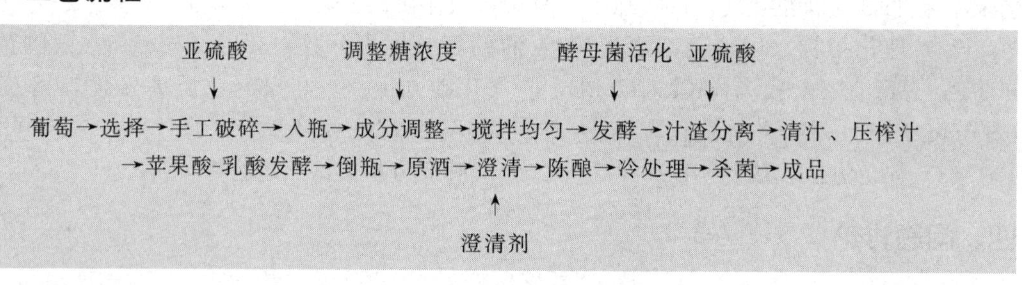

2. 操作要点

（1）原料选择：酿酒用的葡萄要经过严格挑选，使用颜色深红、成熟度高的鲜果，剔除霉烂果、生青果、虫蛀果。

（2）手工破碎：要求每个果子破裂，不能将种子破碎，否则种子内的油脂、糖苷类物质及果梗内的一些物质会增加酒的苦味。

（3）成分调整：酿造酒精含量为10%～12%的酒，果汁的糖度需在17～20°Bx，糖度达不到要求就需加糖。

（4）加亚硫酸：二氧化硫在果酒中有杀菌、澄清、抗氧化、增酸、使色素和单宁物质溶出、还原、使酒的风味变好等作用。在生产中通过加亚硫酸，利用其不稳定分解产生二氧化硫的性质，来达到杀菌的目的。葡萄酒生产中亚硫酸的添加量为50～60mg/kg。

（5）加酵母：发酵罐装入量为容器容积的4/5，然后加入酵母200mg/L。加活性干酵母的方法是将每克活性干酵母加入10倍体积的35～38℃纯净水，不停地搅拌。待酵母开始再生，有大量的泡沫冒起来时加入到发酵罐。搅拌均匀，温度控制在20～30℃。

（6）汁渣分离：接酵母后每天测相对密度，当相对密度低于1.000时，进行皮渣分离，得到原酒。在原酒中添加亚硫酸，使酒中游离二氧化硫含量为60mg/kg。

（7）苹果酸-乳酸发酵：将原酒短期储存，进行苹果酸-乳酸发酵，通常15d左右。

（8）澄清：短期储存后的原酒逐渐变得清亮，酒脚沉淀于罐底。经倒酒，实现酒与酒脚的分离，然后再下胶。下胶澄清引起蛋白质、单宁和多糖之间的絮凝，同时吸附一些非稳定因素。提前1d用温水浸泡需要的胶量，充分搅拌均匀，添加量为20～100mg/L。

（9）陈酿：下胶处理结束后，应立即过滤，除去不稳定性的胶体物质。这时的酒有辛辣味，不柔和，需要经过储存一定时间，让其自然老熟，减少新酒的刺激性、辛辣味，使酒体绵软适口，醇厚香浓，口味协调。在陈酿期间，保证温度在20℃左右，使酒自发地进行酯化与氧化反应。酒要满罐储存，防止酒的氧化。

（10）冷处理：原酒通过冷冻工艺可促进酒石酸盐类沉淀及胶体物质的凝聚，改善风味，提高酒的稳定性。冷处理的温度应在其冰点以上，即－0.5℃，处理时间为4d左右。

（11）杀菌：用2道串联的0.45μm膜进行除菌过滤，以得到生物性稳定的果酒。

（12）成品：灌装和包装后即得到成品。

3. 成品评价

（1）感官指标：呈紫红、深红、宝石红、红微带棕色、棕红色；澄清，有光泽，无明显悬浮物；具有纯正、优雅、怡悦、和谐的果香与酒香，陈酿型的葡萄酒还应具有陈酿香和橡木香；具有纯正、优雅、爽怡的口味和悦人的果香味，酒体完整。

（2）理化指标：酒精度（20℃）（体积分数）≥7.0%，总糖（以葡萄糖计）≤4.0g/L。

（3）评价方法：按照GB/T 15038—2006《葡萄酒、果酒通用分析方法》进行评价。

四、问题讨论

1. 各组分在葡萄酒中的作用是什么？
2. 发酵过程中的操作条件对产品的质量有何影响？
3. 葡萄酒依靠什么防止微生物腐败，保持产品的稳定性？
4. 在葡萄酒工业生产中，应选用什么设备？

五、参考文献

[1] GB 15037—2006 葡萄酒.

[2] GB/T 15038—2006 葡萄酒、果酒通用分析方法.

[3] Roger B 等. 葡萄酒酿造学原理及应用. 赵光鳌等译. 北京：中国轻工业出版社，2001.

[4] 李华. 现代葡萄酒工艺学. 西安：陕西人民出版社，1995.

[5] 视频：爱课程/食品技术原理/5-1/媒体素材/葡萄酒酿制.

胡云峰

实验8　黄酒的制作

一、实验原理和目的

黄酒是以大米（包括粳米、籼米、糯米）、有色米（如黑米、紫米）、黍米、粟米、玉米、麦类（包括大麦、小麦、青稞、荞麦）等为原料，经过蒸料，拌以酒曲或麦曲、麸曲、米曲、红曲等，进行糖化和发酵酿制而成的饮用酒。原料糊化后，经酒曲中的根霉菌、曲霉菌、毛霉菌和酵母菌发酵，使淀粉原料充分糖化，边糖化边发酵，产生酒精，同时还产生了有机酸、氨基酸、杂醇油、酯类等物质。糯米淀粉含量高，淀粉中支链淀粉的比例高于95%，易于糊化，糖化效果好，多作为黄酒的原料。小麦蛋白质含量较高，适于酿酒微生物的生长繁殖，在发酵中生成各种香气成分，赋予酒的浓香。麸皮有较好的透气性，在发酵时可滞留较多的空气供微生物生长繁殖和发酵。制作黄酒主要有淋饭法、摊饭法和喂饭法。淋饭法是大米原料经过浸渍、蒸煮，以凉水淋冷，然后拌入酒曲，挖潭（搭窝），糖化，最后加水发酵成酒。有的工厂使用淋饭酒用来作为酒母，即所谓的“淋饭酒母”。摊饭法是大米原料经过浸渍、蒸煮，摊在竹篦上，用凉风吹冷，然后再拌入麦曲、酒母（淋饭酒母），进行糖化发酵，用浸米浆水调整 pH 值，控制酸度。喂饭法是将酿酒的原料分为几批，第一批以淋饭法制成酒母，然后再分批加入新原料，使发酵持续进行，直至成品。本实验采用淋饭法，要求了解黄酒生产的基本原理；初步掌握黄酒的生产工艺；了解固态发酵的一般过程。

二、实验材料和设备

1. 实验材料

糯米、酒曲、水。

2. 实验设备

淘米盆、泡米盆、蒸饭锅、拌料盆、非金属的发酵缸（罐）、酒坛（瓶）、压榨器（或离心分离机）。

三、实验内容

1. 工艺流程

水（加入淋水）；酒曲（加入落缸搭窝）；水、麦曲（加入加曲冲缸）；白酒或酵母（加入灌坛发酵）

米→浸米→蒸饭→淋水→落缸搭窝→糖化→加曲冲缸→发酵开耙→灌坛发酵→压榨→澄清→煎酒→包装→成品

2. 参考配方

糯米 1kg，酒曲 8g，水适量。

3. 操作要点

（1）清洗：除去糯米中的糠、尘土等杂质。

（2）浸米、蒸饭、淋水：将糯米放入水槽里，浸渍时间根据气温不同控制在 24～48h（18～30℃，48h；30～35℃，24h），取出沥干水分。浸米可以使米的淀粉吸水膨胀，容易糊化。将米入屉，常压蒸 15min。对米饭的质量要求是：外硬内软，内无白心，疏松透水，透水不烂。米饭出锅，放入淘米盆中，用冷水冲凉，迅速降低饭温达到落缸要求，淋饭后温度一般要求为 28～35℃。

（3）落缸搭窝：将淋冷后的米饭沥去水分，放入缸中，米饭落缸温度一般控制在 27～30℃，防止超过 35℃。在米饭中拌入酒曲，翻拌均匀。缸的中间挖空成潭，使饭在缸周围，这步操作称为搭窝。目的是为了增加米饭和空气的接触，因此要搭的较为疏松，以不塌陷为宜。

（4）糖化、加曲冲缸：搭窝后及时做好保温以进行糖化。冬季可在发酵缸（或罐）外侧包裹上保温材料进行保温。此时处于好氧发酵阶段，可用保鲜膜半密封瓶口。2～3d 后，饭粒软化。窝水此时应微甜、微酸、微苦、酒气浓、香气足。第 5d 将酒醅拌匀，加入 800～1000g 水，充分搅拌，酒醅由半固体状态转为液体状态，浓度得以稀释，补充溶解氧后，糖化和发酵作用得到加强。

（5）发酵开耙：米饭和部分曲漂浮于液面上形成泡盖，用木耙进行搅拌，称为开耙。第一次开耙后，每天开耙两次，连续5d。第6～10d，每天一次。使温度保持在26～30℃。

（6）灌坛发酵：10d后，将发酵醪灌入酒坛，用保鲜膜封好瓶口，在低温下（一般10～25℃）进行后发酵，发酵20～30d。低温长期发酵效果更好。

（7）压榨、澄清：将发酵好的酒醅放入滤布袋中，使用压榨器进行挤压，收集酒液。

（8）煎酒：煎酒的目的是灭菌，杀死酒液中微生物和破坏残存酶的活力，确保黄酒质量稳定。经杀菌处理后，黄酒的色泽变得明亮。杀菌温度应根据生酒的酒精含量和pH而定，对酒精含量高、pH低的生酒，杀菌温度可适当降低。一般灭菌温度为85～90℃。

（9）灌装：将刚杀过菌的黄酒趁热灌入已灭菌的容器中，密封储存于阴凉处，存放2个月即成。存放时间越长，酒味越醇香。

（10）成品酒：储存新酿制的酒香气淡、口感粗，经过一段时间储存后，酒质变好，不但香气浓，而且口感醇和。在陈酿过程中，色、香、味发生变化。储存时间要恰当，陈酿太久，若发生过热，酒的质量反而会下降。一般普通黄酒的储存期为1年。

4. 成品评价

（1）感官指标（以干黄酒为例）：橙黄色至深褐色，清亮透明，有光泽，允许瓶（坛）底有微量聚集物；有黄酒特有的浓郁醇香，无异香；醇和、爽口，无异味；酒体协调，具有该品种的典型风格。

（2）理化指标：（以干黄酒为例）：总糖（以葡萄糖计）≤15.0g/L，酒精度（20℃）≥8.0%，总酸（以乳酸计）3.0～7.0g/L。

（3）评价方法：按照GB/T 13662—2008《黄酒》进行评价。

四、问题讨论

1. 陈酿期间黄酒的酒液成分发生哪些变化？
2. 工业化生产应该采用什么工艺流程和设备？

五、参考文献

[1] GB/T 13662—2008 黄酒．

[2] 傅金泉．黄酒生产技术．北京：化学工业出版社，2005.

[3] 谢广发．黄酒酿造技术．北京：中国轻工业出版社，2010.

[4] 视频：爱课程/食品技术原理/5-1/媒体素材/黄酒工艺．

张颖

实验9　米酒（醪糟）的制作

一、实验原理和目的

米酒（醪糟）主要是以大米（糯米、粳米、籼米）或黍米、粟米等为原料，经过蒸料，拌以酒曲等发酵剂，边糖化边发酵，酿制而成的半固体产品。由于米酒（醪糟）酒精含量较少（一般在10%～20%之间），属于低度酒，口味香甜。原料经酒曲中的根霉、毛霉和酵母发酵，淀粉转化为糖类（主要包括葡萄糖、果糖、麦芽糖、蔗糖等）；蛋白质部分分解成游离氨基酸和多肽，营养功能提高；同时还会产生有机酸（主要包括乳酸、乙酸、柠檬酸等）。根据生产工艺不同，米酒（醪糟）产品可分为两大类：①经过加热灭菌的米酒，其特点为质量相对稳定，保存期较长，一般为6～9个月，多为工厂大规模生产的产品；②不经加热灭菌的米酒，其特点为保存期较短，秋季一般为5～7d，冬季一般为10～15d，随着保存时间的延长，酒精度上升，糖度下降，多为家庭自制产品。本实验采用非加热灭菌的方法，要求初步学会制作米酒（醪糟），了解米酒（醪糟）制作过程的科学原理，了解影响发酵的因素。

二、实验材料和设备

1. 实验材料

糯米、甜酒曲、纯净水。

2. 实验设备

淘米盆、泡米盆、蒸饭锅、拌料盆、非金属的发酵缸（罐）、酒坛（瓶）。

三、实验内容

1. 工艺流程

清洗→浸米→蒸米、摊冷→拌曲、搭窝→糖化发酵→成品酒

2. 参考配方

糯米1000g，甜酒曲4g（粉末状），纯净水7L。

3. 操作要点

（1）清洗：将糯米洗净，以除去米中附着的糠和尘土，洗到淋出的水无白浊为度，一般洗2～3次。

（2）浸米：将糯米放入泡米盆中，浸渍时间根据气温不同控制在24～48h（18～30℃，48h；30～35℃，24h），取出沥干水分。浸米不仅有利于蒸煮糊化，同时浸渍水（俗称浆水）中含有乳酸等大量有机酸，可以调节酸度有利于酵母菌的繁殖。

（3）蒸米、摊冷：将米入屉，常压蒸15～20min。对蒸饭的质量要求是：成熟均匀，饭粒疏松不烟，没有团块，蒸煮熟透，内无白心。米饭出锅，将米饭摊开，冷却。在冷却好的米饭上撒少许水，用手（戴手套）将米饭弄散摊匀，使饭粒分离和通气，有利于后续拌入酒曲和搭窝。夏季摊冷后温度一般为28℃，冬季温度稍高，但不要超过35℃。

（4）拌曲、搭窝：将米饭放入盆中，加入甜酒曲，翻拌均匀。将拌好酒曲的米饭放入发酵缸（罐）中，中间做成窝形，这步操作称为搭窝。其目的是为了增加米饭和空气的接触，因此要搭的较为疏松，以不塌陷为宜。

（5）糖化发酵：搭窝后进行发酵，温度控制在28～35℃。冬季应做好保温，可在发酵缸（罐）外侧包裹上保温材料进行保温。此时处于好氧发酵阶段，可用保鲜膜半密封瓶口。1～2d后，出现窝水；2～3d后，出现大量酒液，酒气浓、香气足。此时加入3000～5000g水，充分搅拌、调匀。

（6）成品酒：放置24h，即得成品酒。不经加热灭菌的米酒，冰箱内保存期一般为10～15d。

4. 成品评价

（1）感官指标：色泽呈乳白色或微黄色；饭粒柔嫩，无肉眼可见异物；具有米酒特有的清香气味，无酸气异味；味感柔和，酸甜爽口。

（2）理化指标（以工业化生产的普通米酒为例）：还原糖（以葡萄糖计）≥2.5g/100g，酒精度（质量百分数）＞0.5%，总酸（以乳酸计）0.05～1.0g/100g。注：本实验中（未过滤澄清），以上指标与加水量有关。

（3）测定方法及卫生指标：按照 NY/T 1885—2010《绿色食品米酒》进行评价。

四、问题讨论

1. 浸米时，为何浸渍水有利于酵母菌的繁殖？
2. 工业化生产米酒（醪糟）如何灭菌？
3. 试用化学式解释米酒为什么甜、醇、酸、香？

五、参考文献

[1] NY/T 1885—2010 绿色食品米酒．
[2] DB 31/433—2009 醪糟卫生要求．
[3] 于新，杨鹏斌．米酒米醋加工技术．北京：中国纺织出版社，2014.
[4] 曾洁，郑华艳．果酒米酒生产．北京：化学工业出版社，2014.
[5] 谢广发．黄醪糟造技术．北京：中国轻工业出版社，2010.
[6] 视频：爱课程/食品技术原理/5-1/媒体素材/孝感米酒制作工艺．

第七章　糖果工艺实验

实验1　硬质糖果的制作

一、实验原理和目的

硬糖是经高温熬煮而成的糖果。固形物含量很高，在97%以上。糖体坚硬而脆，具有无定形非晶体结构。相对密度在1.4～1.5之间，还原糖含量范围12%～18%。硬糖是一种由过饱和的、过冷的蔗糖和其他糖类形成的溶液，处于非晶形状态或称玻璃态。当蔗糖从溶液析出时形成糖的结晶或晶粒，就出现返砂，仅用蔗糖难以制成硬糖，因此在硬糖的配方中包括抑制结晶的淀粉糖浆。各种糖浆及蔗糖在熬制过程中产生的转化糖具有抗结晶的作用，削弱和抑制蔗糖在过饱和状态下产生的重结晶现象。本实验要求理解硬糖生产的基本原理，掌握硬糖生产的工艺和硬糖的评定方法。

二、实验材料和设备

1. 实验材料和配方

（1）水果味硬糖：砂糖1.0kg，麦芽糖饴0.20～0.25kg，柠檬酸6～10g，水果香精0.8～2.0mL，食用色素适量。

（2）椰子味硬糖：砂糖1.0kg，麦芽糖饴0.47kg，椰子油0.1kg，甜炼乳0.26kg，乳脂33.3g，香兰素1.3g，椰子香精0.5g。

2. 实验设备

熬糖锅、操作台、台秤、电炉等。

三、实验内容

1. 工艺流程

香精　色素

↘　↙

糖浆、砂糖→溶化→过滤→熬制→冷却→混合→保温→冷却→整理→包装→成品

2. 参考配方

3. 操作要点

（1）化糖加水量由经验公式计算：

$$W=0.3\times W_s-W_m$$

式中　W——实际加水量，kg；

W_s——配料中干固体物总量，kg；

W_m——配料中水分总量，kg。

（2）将糖和水置于锅中，加热至90～120℃，随时搅拌。

（3）溶成较厚稠的糖浆时，降低温度，继续加热，用小木桨轻缓搅拌。约1h后将木桨提起，糖浆呈长丝状即可离火。

（4）将糖浆倒在涂有食用油的冷却瓷板或石板（30℃）上，冷至85℃时，加入食用色素和香精等，成为半固体糖料。

（5）成型：①用木棍碾压糖料至1cm厚度，再使用模型压切。自然冷却至高于室温2～5℃，迅速包装。②把糖料拉伸成直径为2cm的条，然后切断，包装。

4. 成品评价

（1）感官指标：色泽光亮、均匀一致，具有品种应有的色泽；块形完整，表面光滑，边缘整齐，大小一致，厚薄均匀，无缺角、裂缝，无明显变形；糖体坚硬而脆，不粘牙，不粘纸；符合品种应有的滋味气味，无异味；无肉眼可见的杂质。

（2）理化指标：干燥失重≤4.0g/100g，还原糖（以葡萄糖计）12.0～29.0g/100g。

（3）评价方法：按照SB/T 10018-2008《糖果　硬质糖果》评价。

四、问题讨论

1. 讨论硬糖加工的关键控制点及原理。
2. 如何确定硬糖甜体组成？
3. 讨论影响硬糖质构变化的主要原因及其控制方法。
4. 工业化制造硬糖采用什么工艺与设备？

五、参考文献

[1] SB/T 10018—2008 糖果　硬质糖果.

[2] 李立安，宋晴晴，何群. 控制硬糖返砂技术要点. 山东食品与发酵，2005，(1)：45-46.

[3] Edwards W P. The Science of Sugar Confectionary. R. S. C.，2000.

[4] 视频：爱课程/食品技术原理/14-1/媒体素材/硬质糖果.

李文钊

实验2　代可可脂巧克力的制作

一、实验原理与目的

代可可脂是由植物油经选择性氢化制得的专用硬脂，具有与可可脂相似的熔点、硬度、脆性、收缩性以及涂布性。代可可脂在固体脂肪指数、冷却曲线、口溶性和风味方面与可可脂存在差异，因而在配方中加入部分可可脂，予以调整。代可可脂缺少可可脂的多晶型特性，不需调温处理而能简化生产。通过本实验理解代可可脂巧克力生产的基本原理，掌握代可可脂巧克力生产的工艺和其品质的评定方法。

二、实验材料和设备

1. 实验材料

可可脂、代可可脂、磷脂、乳粉、蔗糖粉、麦精粉等。

2. 实验设备

粉碎机、混料罐、精磨（胶体磨）、辊式研磨机、调温水浴锅、巧克力模、操作台、冷藏箱等。

三、实验内容

1. 工艺流程

原料→混合→精磨→精炼→注模→振模→冷却→脱模→挑选→包装→成品

2. 参考配方

可可脂 50g，代可可脂 220g，磷脂 5g，蔗糖粉 435g，乳粉 130g，麦精粉 40g。

3. 操作要点

（1）可可脂、代可可脂在水浴中溶化，40℃保温；粉碎蔗糖，过筛，筛孔为 0.6～0.8mm。

（2）原料均投入混料罐中混合均匀，40℃保温。

（3）精磨：采用胶体磨进行精磨，温度控制在 40～42℃，要求大部分物料粒度控制在 15～30μm 以下。

（4）精炼：采用辊式研磨机完成，控制温度 45～60℃，时间 24～72h。

（6）振模：将巧克力浆注入模板后，立即振动模具，振动频率 1000 次/min，振幅 5mm，1～2min。

（7）冷却、脱模：置于 8℃冷却室冷却 25～30min 后，脱模。

4. 成品评价

（1）感官指标：具有该产品应有的形态、色泽、香味和滋味，无异味，无正常视力可见的外来杂质。

（2）理化指标：非脂可可固形物（以干物质计）≥4.5%；总乳固形物（以干物质计）≥12%；干燥失重≤1.5%；细度≤35μm。

（3）评价方法：按照 SB/T 10402—2006《代可可脂巧克力及代可可脂巧克力制品》评价。

四、问题讨论

1. 巧克力物系的基本组成包括哪些？
2. 代可可脂巧克力在制作工艺及其品质上有哪些特点？
3. 巧克力物料精炼的目的是什么？
4. 调温起何作用，如何控制调温工艺？

五、参考文献

[1] SB/T 10402—2006 代可可脂巧克力及代可可脂巧克力制品 .

[2] 蔡云升，张文治．新版糖果巧克力配方，北京：中国轻工业出版社，2000.
[3] 魏强华，高荫榆，何小立．巧克力的调温工艺及其发展．粮食与油脂．2003，(1)：16-17.
[4] Stephen T. Beckett，et al. The Science of Chocolate. R. S. C.，2000.
[5] 视频：爱课程/食品技术原理/14-1/媒体素材/巧克力．

李文钊

实验3　凝胶糖果的制作

一、实验原理和目的

凝胶糖果以所用胶体而命名，如淀粉软糖、琼脂软糖、明胶软糖等。凝胶糖果水分含量较高，柔软，有弹性和韧性。因使用不同种类的胶体，使糖体具有凝胶性质。凝胶糖果都以一种胶体作为骨架。亲水性胶体吸收大量水分变成液态溶胶，经冷却变成凝胶。淀粉软糖以淀粉或变性淀粉作为胶体，淀粉软糖的性质黏糯，透明度差，含水量在7%～18%之间，多为水果味型。琼脂软糖以琼脂作为胶体，透明度好，具有良好的弹性、韧性和脆性，多为水果味型，含水量在18%～24%之间。明胶软糖以明胶作为胶体，制品富有弹性和韧性，含水量与琼脂软糖近似，多为水果味型和奶味型。本实验要求掌握凝胶糖果生产的基本工艺和凝胶糖果的评定方法。

二、实验材料和设备

1. 实验材料

砂糖、淀粉糖浆、轻沸变性淀粉（流度范围60～70）、模具用淀粉、琼脂、干明胶、柠檬酸、香料、着色剂等。

2. 实验设备

熬糖锅、操作台、模具、台秤、糖度计、干燥箱等。

三、实验内容

1. 工艺流程

溶糖→熬糖→成型→干燥→整理与包装

2. 配方

(1) 淀粉软糖：砂糖435g，淀粉糖浆435g，变性淀粉124.3g，柠檬酸5g，香料0.6mL，着色剂0.1g。

(2) 琼脂软糖：砂糖694g，淀粉糖浆278g，琼脂24.7g，柠檬酸1.7g，香料1.5mL，着色剂0.1g。

(3) 明胶软糖：砂糖337g，淀粉糖浆589g，干明胶67.4g，柠檬酸5.9g，香料0.6mL，着色剂0.1g。

3. 操作要点

(1) 淀粉软糖

① 熬糖：将变性淀粉放入容器内，加入相当于干变性淀粉 8～10 倍的水，将变性淀粉调成变性淀粉浆。将砂糖和淀粉糖浆置于带有搅拌器的熬糖锅内加热熬煮。当浓度达到 72%即可停止。

② 浇模成型：先用淀粉制成模型，制模型用的淀粉水分含量为 5%～8%，温度保持在 37～49℃，当物料熬制浓度为 72%以上是，加入色素、香精和调料。温度为 90～93℃。然后浇模成型，浇模浓度为 82%～93%。

③ 干燥：除去浇模成型的淀粉软糖含有的部分水分，在干燥过程中，干燥温度 40℃，时间 48～72h，粉末内的水分不断蒸发和扩散，软糖表面的水分转移到粉模内，软糖内部的水分不断向表面转移。同时，软糖内约有 22%的蔗糖水解生成了还原糖。

④ 拌砂：将已干燥 24h 的软糖取出后消除表面的余粉，拌砂糖颗粒。拌砂后的软糖再经干燥，脱去多余的水分和拌砂过程中带来的水汽，以防止糖粒的粘连。最终水分不超过 8%，还原糖含量为 30%～40%。

（2）琼脂软糖

① 浸泡琼脂：用 20 倍于琼脂质量的冷水浸泡琼脂，为加快溶化，可加热至 85～90℃，溶化后过滤。

② 熬糖：先将砂糖加水溶化，加入已溶化的琼脂，控制熬煮温度，在 105～106℃，避免高温长时间熬煮破坏琼胶的凝胶能力，加入淀粉糖浆。浇模成型的软糖出锅浓度在 78%～79%，切块成型的淀粉糖浆用量可以略低些。

③ 调和：在熬煮后的糖浆中加入色素和香料，当糖液温度降至 76℃以下时加入柠檬酸。为了保护琼脂不受酸的影响，在加酸前加入相当于加酸量的 1/5 的柠檬酸钠作为缓冲剂。琼脂软糖的酸度可以控制在 pH4.5～5.0 为宜。

④ 成型：包括切块成型和浇模成型。在切块成型之前，需将糖液倒在冷却台上凝结，凝结时间为 0.5～1h，而后切块。对于浇模成型，粉模温度应保持在 32～35℃，糖浆温度不低于 65℃，浇注后需经 3h 以上的凝结时间，凝结温度应保持在 38℃左右。

⑤ 干燥和包装　成型后的琼脂软糖，还需干燥以脱除部分水分。温度不宜过高，速度不宜太快，否则会使糖粒表面结皮，糖内水分不易挥发，而影响糖的外形，温度以 26～43℃为宜。干燥后的琼脂软糖水分应不超过 20%。为了防霉，对琼脂软糖必须严密包装。

（3）明胶软糖

① 熬糖：用相当于白砂糖量 30%的水溶化白砂糖、淀粉糖浆，并用 80 目筛过滤。在一起熬煮加热至 115～120℃，将以上糖液冷却至 80℃左右，即可将制备好的明胶溶液加入并混合均匀，并依次加入预先制备好的果泥、果酱、酸液、色素和香精等配料，混合均匀。由于明胶受热极易分解，特别在酸碱存在的情况下更为严重，而淀粉糖浆和转化糖浆都含有一定的酸度，pH 在 4.5～5.0 之间，所以放在一起加热，会破坏明胶分子。

② 静置：由于明胶与糖浆混合后，糖浆的黏度会增加，从而阻碍混合液中水汽的散发，所以，混合后需要静置，让气泡聚集到表层，直到混合糖液澄清为止。然后将配置好的糖浆混合液用软糖注模成型机注入淀粉模盘，料液温度为 70～80℃。

③ 干燥：为了防止明胶胶体受热而被破坏，一般采用两种方法干燥明胶糖：一种是提高糖浆浓度，成型后不再干燥；另一种是成型后还需要在低温下干燥。干燥温度低于 40℃，

明胶软糖成品的含水量为15%左右。将模盘在40℃条件下干燥24～48h，直至达到所需要的稠度与软硬度。糖粒自粉模中取出后，清除表面粉尘，在拌锅内拌砂或在表面喷涂专用的油状涂布剂，稍经干燥后即可进行整理包装。

4. 成品评价

（1）感官指标：符合表7-1中的规定。

表7-1 感官指标

项目		要求
色泽		符合品种应有的色泽
形态		块形完整，表面光滑，边缘整齐，大小一致，无缺角、裂缝，无明显变形，无粘连
组织	植物胶型	糖体光亮、略有弹性，不粘牙，无硬皮，糖体表面可附有均匀的细砂糖晶粒
	动物胶型	糖体表面可附有均匀的细砂糖晶粒，有弹性和咀嚼性；无皱皮，无气泡
	淀粉型	糖体表面可附有均匀的细砂糖晶粒，口感韧软，略有咀嚼性；不粘牙；无淀粉裹筋现象。以淀粉为原料的糖体表面可有少量均匀熟淀粉，具有弹性和韧性；不粘牙
滋味气味		符合品种应有的滋味及气味，无异味
杂质		无肉眼可见杂质

（2）理化指标：应符合表7-2的规定。

表7-2 理化指标

项目	指标		
	植物胶型	动物胶型	淀粉型
干燥失重/(g/100g) ≤	18.0	20.0	18.0
还原糖(以葡萄糖计)/(g/100g) ≥	10.0		

（3）评价方法：按照SB/T 10021—2008《凝胶糖果》评价。

四、问题讨论

1. 淀粉软糖、琼脂软糖、明胶软糖之间有何区别？
2. 熬糖过程应注意什么？
3. 凝胶糖果在工业化生产中采用什么设备？

五、参考文献

[1] SB/T 10021—2008 凝胶糖果.

[2] 李书国. 新型糖果加工工艺与配方. 北京：科学技术文献出版社，2002.

[3] 蔡云升，张文治. 新版糖果巧克力配方. 北京：中国轻工业出版社，2002.

[4] Edwards W P. The Science of Sugar Confectionary. R. S. C.，2000.

[5] 视频：爱课程/食品技术原理/14-1/媒体素材/凝胶糖果.

李文钊

实验 4　焦香糖果的制作

一、实验原理与目的

焦香糖果的主要组成是多种糖类，以水为分散介质形成分子分散态的连续相，盐类呈分子或离子分散态。焦香糖果含有的乳固体和糖液组成相互吸附的多相体系，蛋白质在体系内呈胶体分散态。焦香糖果含有的脂肪以细小的球滴分散在整个体系内。在乳化剂的作用下，形成稳定的高度分散的乳浊状态。焦香糖果分为胶质型和返砂型两种。胶质型糖果胶体和还原糖含量较多，抑制结晶的形成。返砂型产品胶体和还原糖含量较少，在生产中加以强烈搅拌或添加晶种，促进返砂。本实验要求掌握焦香糖果的工艺和操作要点，理解抑制糖结晶和促进返砂的机理。

二、实验物料和设备

1. 实验物料

砂糖、乳粉、淀粉糖浆、氢化棕榈油、无水乳油、明胶、香精等。

2. 实验设备

熬糖锅、打蛋机、刮刀、台秤、温度计、控温电炉。

三、实验内容

1. 工艺流程

（1）胶质性焦香糖果

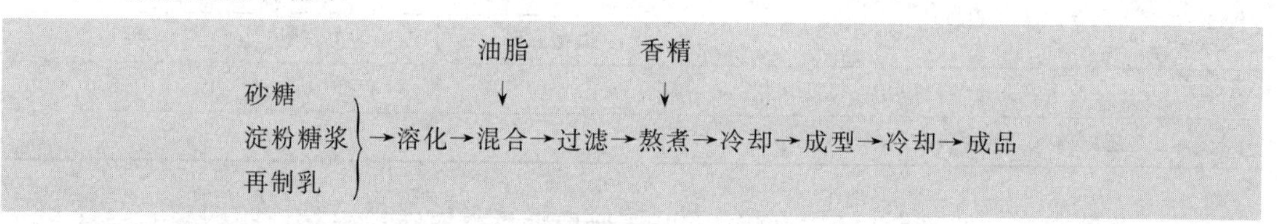

（2）返砂型焦香糖果

砂糖、淀粉糖浆→加热溶化→过滤→冷却→搅擦→方登糖基

砂糖→淀粉糖浆（←香精）→加热溶化→过滤→混合（←油脂、再制乳）→熬煮→混合（←方登糖基）→冷却→成型→冷却→成品

2. 参考配方（表 7-3）

表 7-3　参考配方

物料名称	含量/%	
	胶质型	返砂型
蔗糖	35～40	55～60

续表

物料名称	含量/%	
	胶质型	返砂型
淀粉糖浆固形物	30～35	15～20
全脂乳粉	15～30	15～30
氢化棕榈油	15～20	5～10
无水乳油	5～10	1～3
食盐	0.2～0.3	0.2～0.3
明胶	1.5～2.0	—
香精	适量	适量

3. 操作要点

（1）物料准备：使用60℃热水溶解乳粉至乳固体为40%的再制乳。选用凝胶强度12°E以上的明胶，用20℃左右的温水浸泡，用水量为明胶的2.5倍，浸泡时间2h。稍微加热搅拌，冷却待用。

（2）熬煮：熬煮使物料充分溶解，混合，蒸发掉多余的水分，使奶糖具有焦香味。胶质奶糖的熬糖温度为125～130℃；熬糖时间30～40min。砂质型奶糖的熬糖温度掌握在130℃，熬糖时间30～40min。在125～130℃投放再制乳和无水乳油，待熬煮温度回升至所要求的温度，糖体软硬适度时即可出锅。

（3）混合：将熬好的糖体置于打蛋锅内，放入已溶化的明胶，开始慢转搅打，以防糖浆溅溢，待糖浆稍冷黏度增大后，再开快转搅打并加入香精。

（4）自然冷却至70℃，手工拉伸至圆柱形，切断成粒，自然冷却至室温，即得成品。

（5）砂质型乳糖的砂质化

① 控制还原糖含量，在打蛋机内通过强烈搅拌使蔗糖重新结晶。

② 制成晶糖基：晶糖基是砂糖晶体和糖浆的混合物。结晶相占50%～60%，糖浆相占50%～40%。结晶相中的晶核很小，在5～30μm之间，多在10μm以下，可产生细腻的口感。

③ 晶糖基的配方是蔗糖80%～90%，淀粉糖浆20%～10%，溶化后熬至118℃，然后冷却至60℃以下，在打蛋机内制成白色可塑体，冷却后成为固体。

④ 使用时，将熬好的糖膏冷却至70℃以下，加入20%～30%的晶糖基，搅拌混合，晶糖基在砂质型奶糖中起着晶核的诱晶作用，最终使制品形成细致的砂质结构。

4. 成品评价

（1）感官指标：感官指标符合表7-4的要求。

表7-4　焦香糖果的感官要求

项目		要求
色泽		均匀一致，符合品种应有的色泽
形态		块型完整，表面光滑，边缘整齐，大小一致，厚薄均匀，无缺角，无裂痕，无明显变形
组织	胶质型	糖体表面、剖面光滑，组织紧密，口感细腻，有韧性和咀嚼性，微粘牙，不粘纸
	砂质型	糖体组织紧密，结晶细微，口感细腻，不粘牙，不粘纸
滋味气味		符合品种应有的滋味气味，无异味
杂质		无肉眼可见杂质

（2）理化指标：理化指标符合表 7-5 的要求。

表 7-5 焦香糖果的理化指标

项目		指标	
		胶质型	砂质型
干燥失重/(g/100g)	≤	9.0	
还原糖(以葡萄糖计)/(g/100g)	≥	8.0	2.0
脂肪/(g/100g)	≥	3.0	
蛋白质/(g/100g)	≥	1.5	

（3）评价方法：按照 SB/T 10020—2008《糖果　焦香糖果》评价。

四、问题讨论

1. 在焦香糖果物料体系之中，各组分发挥什么作用，相互之间有何交联反应？
2. 砂质型糖果的制作，采用什么方法促进结晶的形成，如何控制晶体的大小？
3. 在工业化生产中，制造焦香糖果采用什么设备？

五、参考文献

[1] SB/T 10020—2008 糖果　焦香糖果.
[2] 赵晋府. 食品工艺学. 北京：中国轻工业出版社，2000
[3] Bernard Minified. Chocolate，Cocoa and Confectionery：Science and Technology. Spriger，2012.
[4] 视频：爱课程/食品技术原理/14-1/媒体素材/焦香乳脂糖果.

李文钊

第八章 调味品、副食品工艺实验

实验1 低盐固态酱油的制作

一、实验原理和目的

酱油是我国的传统调味品，是以大豆和小麦为主要原料，经过微生物酶解作用，发酵生成有机酸、醇、还原糖、氨基酸等，并以这些物质为基础再经过复杂的生物化学变化，形成的具有特殊色泽、香气、滋味和体态的调味液。本实验要求理解酱油制作过程中的微生物培养、酶的产生和利用以及其他生化反应的机理，掌握酱油基本的制作技术及主要成分的分析方法。

二、实验材料和设备

1. 实验材料

豆粕（食品级，蛋白含量45%左右）、麸皮、种曲、饮用水、食盐、分析常用的药品等。

2. 实验设备

混料盘（盆）、曲盒（竹制或木制）、不锈钢罐（1500mL）、高压灭菌锅、电热鼓风干燥箱、恒温恒湿培养箱、分光光度计、酸度计、离心机、天平、电炉等。

三、实验内容

1. 工艺流程

曲精
↓
原料处理→混合→润水→高压蒸煮→冷却→大曲制作→接种→大曲培养→翻曲控制→成曲→酱醅制作→控温发酵→成品加工→酱醅浸出→灭菌→成品勾兑→沉淀过滤→包装

2. 操作要点

（1）原料配比：豆粕：麦麸为6：4，原料加水比为1：1.2。称取豆粕1200g，麦麸800g，加水2400mL。

（2）润水：豆粕加入70～80℃热水拌匀，焖25min后加麦麸充分拌匀，再焖15min。

（3）高压蒸煮、冷却：装入布袋后放入高压锅内，升温加压蒸煮，充分排气，压力升至0.1MPa（视料的多少待定）保持35min，自然降压。取出后装于不锈钢罐中冷却。熟料感官要求，香气纯正，呈浅黄色，疏松不粘手。水分控制在48%～50%。

（4）接种曲精：待熟料冷却至30～32℃（冬季35℃），以投料量的1%的麦麸先干蒸消毒后冷却至35℃以下，按原料的0.03%的比例加入酱油曲精，将酱油曲精与麸皮充分拌匀，而后迅速接入冷却的熟料中搅拌均匀，装盒呈堆积状，在料的中部插一支温度计（因涉及制曲的质量，此道工序必须严密快速）用蒸煮后的布袋覆盖，入恒温恒湿培养箱30℃培养。

（5）大曲培养：堆积保温使酱油米曲霉孢子快速发芽，当4～6h后料温开始呈逐渐升高的趋势，待品温升至36℃时进行第1次翻曲，即将匾中曲料搓散，散热，继续摊平培养6h后，进行第2次翻曲，至曲料接近干燥。有黄色孢子包裹物料时，成曲培养成功时将曲料摊平，其厚度为4～5cm（此时要注意保湿，环境相对湿度最好在85%以上）继续培养，记录每小时的温度变化。

（6）翻曲控制：当培养至12h左右，曲料上生出许多小白点且品温已达36℃时，进行第1次翻曲，即将盒中曲料搓散（以达到散热和均匀的目的），继续摊平培养，每半小时记录1次品温变化，控制物料温度在36℃以下，湿度85%以上，温度高时，采取敞门或调换曲盒的位置以达到及时降温的目的；待6h后，进行第2次翻曲，操作和管理与第1次翻曲等同。直至曲料表面明显出现裂痕、曲料疏松、菌丝密集、曲料呈黄绿色时培养结束。分析成曲蛋白酶活力，每克（干基）不得低于1200U（福林法）。

（7）酱醅制作：在成曲中加入12°Bé左右、50℃的热盐水，加入量占原料总量的65%左右，最终以酱醅含水量以52%～53%、食盐含量以7%为宜。

将翻拌均匀的醅料装入2L的不锈钢罐中，然后在醅料表面加盖两层保鲜膜，其边缘缝隙压盖一些食盐（以防止氧化和细菌的侵入），放入恒温箱中密闭发酵。

（8）控温发酵：在恒温箱中（43±1）℃密闭发酵，充分发挥酱油曲霉中的蛋白酶及肽酶的作用，同时逐步增强淀粉糖化酶、纤维素酶、果胶酶等的作用。待发酵15d时倒罐一次（或充分搅拌均匀），然后盖好保鲜膜与封口盐，放入46℃恒温箱中继续发酵7d，补加浓盐水，均匀倒入上层，同时放入30℃恒温箱中，再经8d酱醅成熟。

（9）酱醅浸出：采用三套循环淋油法。将水加热至70～80℃（或用二油代替），注入成熟酱醅中，加入数量一般为豆料用量的5倍。温度保持在55～60℃浸泡20h，滤出头油。向头渣中加入80～85℃的热水（或用三油代替），浸泡8～12h滤出二油。再用热水浸泡酱渣2h滤出三油。二油、三油用于下一批的浸醅提油。

（10）灭菌、成品勾兑：将滤出的油加热至65～70℃维持30min，并按照国家标准或根据不同需要进行配制。主要控制产品的全氮、氨基酸、无盐固形物等理化指标。

计算公式：

$$\text{氨基酸生成率}=\frac{\text{氨基酸态氮}}{\text{全氮}}\times 100\%$$

酱油配制公式：

$$\frac{a_1}{b_1}=\frac{c-b}{a-c}$$

式中 a——高于酱油等级标准的酱油质量，g/100mL；

b——低于酱油等级标准的酱油质量，g/100mL；

a_1——高于酱油等级标准的酱油数量；

b_1——低于酱油等级标准的酱油数量；

c——标准酱油的质量，g/100mL。

计算时酱油质量指标的选择依据是：当酱油的氨基酸生成率低于或等于50%时选择氨基酸态氮的指标来进行计算；当酱油的氨基酸生成率高于50%时则选择全氮指标来计算。

(11) 沉淀过滤：将经过加热杀菌及配兑合格的酱油成品进行静置澄清，其时间一般应不少于7d。对澄清后的酱油进行分析、包装。

3. 成品评价

(1) 感官指标：呈鲜艳的深红褐色，有光泽，酱香浓郁，无不良气味，滋味鲜美醇厚，咸味适口，体态澄清。

(2) 理化指标：可溶性无盐固形物≥20.00g/100mL，全氮（以氮计）≥1.60g/100mL，氨基酸态氮（以氮计）≥0.80g/100mL。

(3) 评价方法：按照GB 18186—2000《酿造酱油》进行评价。

四、问题讨论

1. 在酱油制作过程中，米曲霉的作用是什么？
2. 低盐固态酿造酱油工艺的特点是什么？
3. 我国的酱油标准分几级，主要内容是什么？

五、参考文献

[1] GB 18186—2000 酿造酱油.
[2] 上海酿造科学研究所. 发酵调味品生产技术. 修订版. 北京：中国轻工业出版社，2007.
[3] 视频：爱课程/食品技术原理/5-1/媒体素材/酱油.

王春玲

实验2　米醋的制作

一、实验原理和目的

大米中的淀粉在酒曲中糖化酶的作用下水解为可发酵性糖，在无氧条件下，其中的酵母经过EMP途径将可发酵性糖变成酒精（酒精发酵），进而在醋酸菌氧化酶的作用下生成醋酸（醋酸发酵）。本实验要求了解食醋酿造原理，掌握制作米醋的操作技术。

二、实验材料和设备

1. 实验材料

大米（或淀粉）、酒药、麸皮、谷糠、醋酸种子液（或发酵中期的新鲜醋醅）、饮用水、食盐、分析常用的药品等。

2. 实验设备

混料盘、不锈钢罐、高压灭菌锅、电热鼓风干燥箱、恒温培养箱、糖度计、分光光度计、酒精计、pH计、离心机、天平、电炉、竹筐等。

三、实验内容

1. 工艺流程

清水＋酒药
↓
原料处理→浸泡→蒸煮→二次蒸煮→发酵控制→糖化发酵→酒精发酵→醋酸发酵→加盐后熟→成品加工→淋醋→配制→包装与灭菌→成品

2. 操作要点

（1）大米浸泡：称取大米 500g 置于不锈钢罐或临时容器中，加水，控制水层比米层高出 4～5cm。在 20～25℃条件下，浸渍 8～10h。

（2）蒸煮：将泡好的大米捞起放在一个铺过两层纱布的小筐内，置于高压锅中以 0.06kPa 保持 5～6min，降压后取出，向米饭层中淋入适量清水，再于 0.06kPa 下保持 10min；取出后观察到米粒膨胀发亮、松散柔软、嚼不粘牙即已熟透，此时再向其中加入清水冲饭降温；待水分沥干后，倒出摊铺在消毒后的混料盘上冷却备用。

（3）糖化发酵：在冷却至 33℃的米饭中加入 20g 粉碎的酒药，翻拌均匀后装入容积为 3000mL 的无菌不锈钢罐中，于不锈钢罐壁与底的接合处围成一圈（底部中间空出）并在料中插一支温度计，于 28℃恒温培养。经 12h，曲中微生物逐渐繁殖起来再将料平铺于罐的底部，此后要注意观察，采取翻拌的方式控制品温不超过 40℃。此时可以关闭保温箱的加热功能，24h 后达到生长高峰，36h 后糖液逐渐渗出，色泽金黄，甜而微酸，可闻到轻微的酒香。这说明糖化基本完全，酒化已经开始，测糖的含量并记录。

（4）酒精发酵：在入罐后的发酵过程中，酒化与糖化伴随进行，前期以糖化为主，后期则以酒精发酵为主。在糖化基本结束后加入 2500mL 清水（水温为 20～25℃），用粗玻璃棒搅拌均匀后继续于 28℃下密闭发酵（即用塑料膜封口），注意品温不超过 38℃。温度升高时须搅拌，并关闭保温箱的加热系统（基本上每天搅拌一次）。搅拌后迅速封好，2d 后开始每天测其酒精含量。3～4d 温升速度渐慢，酒精度不再增加时，酒精发酵结束，此时酒精度应达 7%左右。

（5）醋酸发酵：称取 200g 干麸皮、300g 谷糠（或稻壳）加入成熟的预先加入 25mL 醋酸菌种子液的酒醪中，翻拌均匀，然后罐口罩一层纱布，再于 28℃下继续发酵，控制品温不超过 35℃。一周以后醋酸发酵已达旺盛期，这时应每天将底部的潮醅翻上来，表面的热醅翻下去，要见底，在这期间由于醋醅中的酒精含量越来越低，而醋酸的含量越来越高，品温会逐渐下降，此时应及时检测酸度，待醋醅的酸度达最高值时，醋酸含量不但不再增加而且出现略有下降的趋势，表明醋酸发酵已经完成。

（6）加盐后熟：当酒精含量降到微量时，即可按主料的 10%加粗盐以抑制醋酸过度氧化。然后再翻 1～2d 使其后熟，以增加色泽和香气。

（7）淋醋：把成熟的醋醅装入一个 5L 有下口带假底的小罐内浸泡 4～6h，泡透为止。所用方法是套淋法，即清水套三淋醋，三淋醋套二淋醋，二淋醋套头淋醋。起始时，将清水加入成熟醋醅后按工艺要求浸泡后淋出的醋为头醋，即成品醋。然后再向醋醅中加水，浸泡后淋出的就是二淋醋。依此类推。待到下一批次醋醅成熟后，就将上批的二淋醋加入浸泡后淋出头醋，再将上批的三淋醋加入醋醅中淋出二淋醋，这样不断循环的操作叫“套淋”。

(8) 配制、包装与杀菌：成品醋的配制依据 GB 18187—2000《酿造食醋》，以总酸、可溶性无盐固形物 2 项指标进行调配，配好后进行灌装，以 65℃、30min 进行巴氏杀菌，冷却后即为成品。

3. 成品评价

(1) 感官指标：琥珀色或红棕色，具有固态发酵食醋特有的香气，酸味柔和，回味绵长，无异味，体态澄清。

(2) 理化指标：总酸（以乙酸计）≥3.50g/100mL，可溶性无盐固形物≥1.00g/100mL。

(3) 评价方法：按照 GB 18187—2000《酿造食醋》进行评价。

四、问题讨论

1. 食醋生产中最关键的发酵是哪些步骤？是哪些微生物在起作用？
2. 在酒精发酵过程中，为什么采取密闭发酵？而醋酸发酵时为什么罐口罩一层纱布？
3. 加盐后熟的目的是什么？
4. 设计以酒精为原料的制醋实验。

五、参考文献

[1] GB 18187—2000 酿造食醋.

[2] 徐清萍. 食醋生产技术. 北京：化学工业出版社，2008.

[3] 视频：爱课程/食品技术原理/5-1/媒体素材/食醋酿造.

王春玲

实验 3 豆酱的酶法制作

一、实验原理和目的

豆酱以大豆或脱脂大豆为原料，辅以面粉。传统生产豆酱采用米曲霉菌种具有多种酶系，如蛋白酶系有碱性、中性、酸性蛋白酶，使蛋白质降解可溶的胨、肽等。但从蛋白质分解到氨基酸，还必须依靠氨基肽酶和羧基肽酶把多肽分解成氨基酸。谷氨酰胺酶把蛋白质中间产物谷氨酰胺转化成谷氨酸。糖化酶系有 α-淀粉酶降解淀粉为糖，再经糖化酶把多糖分解成双糖及单糖。植物组织分解酶系，如果胶酶分解植物组织纤维素和半纤维素之间的果胶，有利于各种酶的分解转化。米曲霉和黑曲霉基本上都具有上述各种酶系。米曲霉以蛋白酶系为主兼有糖化酶系；黑曲霉以糖化酶系为主，其中 AS3.350 黑曲霉还具有很强的酸性蛋白酶活性。要使豆酱风味等符合传统酿造工艺，必须使用包括酸性蛋白酶和中性蛋白酶的复合酶制剂。应用酶制剂生产豆酱可省去种曲培养及制造大曲等工序，缩短工艺流程，提高得率。本实验要求理解酶制剂的作用原理和酶法豆酱制作的方法。

二、实验材料和设备

1. 实验材料

大豆片或脱脂大豆、面粉、复合酶制剂、盐、水。

2. 实验设备

高压锅、发酵罐、搅拌器、恒温培养箱、台秤、温度计。

三、实验内容

1. 工艺流程

复合酶制剂＋水＋盐
大豆片（或脱脂大豆）→润水→蒸煮→冷却 }→拌和下罐→前发酵→后发酵→成品
面粉→拌水→蒸煮→冷却

2. 参考配方

大豆片与面粉的配比为2∶1。若以中性蛋白酶为代表的酶制剂4000U/g和酸性蛋白酶为代表的酶制剂3×10^4U/g计算，每1kg原料需用中性蛋白酶的酶制剂8.8g，酸性蛋白酶的酶制剂3.4g，混合的复合酶制剂为12.22g，可生产豆酱3kg。

3. 操作要点

（1）大豆蒸煮：大豆片或脱脂大豆加水比例为1∶1.2；加入70～80℃热水搅拌均匀，保持25min，装入布袋后放入高压锅内，升温加压蒸煮，充分排气，压力升至0.1MPa，保持35min，自然降压。取出后装于不锈钢罐中搅拌冷却。熟料感官要求香气纯正，呈浅黄色，疏松不粘手。水分控制在48％～50％。

（2）面粉蒸煮：面粉拌水量为面粉的28％～30％，常压蒸熟成面糕。

（3）冷却：将蒸熟的大豆片与面糕经搅拌器打碎，冷却至50℃以下，物料与13°Bé盐水以10∶8的比例混合，与复合酶制剂充分拌匀入发酵罐。

（4）发酵：将发酵罐置于恒温培养箱内，前发酵40～50℃，14d左右；后发酵50～55℃，6d左右。发酵期间隔天搅拌1次。酱醪含盐量12％以上。

4. 异常工艺条件

（1）改变中性蛋白酶和酸性蛋白酶的比例。

（2）改变培养温度和时间。

5. 成品评价

（1）感官评价：红褐色或棕褐色，鲜艳，有光泽；香气有酱香和酯香，无不良气味；味鲜醇厚，咸甜适口，无酸、苦、涩、焦煳及其他异味；体态稀稠适度，无杂质。

（2）理化指标：水分≤60％，氨基酸态氮≥0.6％。

（3）评价方法：按照GB/T 24399—2009《黄豆酱》进行评价。

四、问题讨论

1. 讨论酶制剂对于制造豆酱的作用机理和影响因素。
2. 复合酶制剂中为什么没有碱性蛋白酶？
3. 配料的面粉对于产品质量有何影响？
4. 大豆片和面粉的蒸熟对于发酵过程有何影响？
5. 如果工业化酶法制造豆酱，需要选择什么流程和设备？

五、参考文献

[1] GB/T 24399—2009 黄豆酱.
[2] 林祖申. 酶制剂在酿造调味品行业的应用与发展前景. 中国酿造，2006，(10)：5-8.
[3] 视频：爱课程/食品技术原理/5-1/媒体素材/豆瓣酱加工技术.

程代

实验 4　甜面酱的制作

一、实验原理和目的

甜面酱是以面粉为原料，在霉菌多种酶的复合作用下制成的调味品。甜面酱生产大部分采用低盐固态发酵工艺，自然保温发酵。商品发酵剂采用蛋白酶活力和糖化酶活力较高的米曲霉和黑曲霉孢子为主体，按（4～5）∶1 的比例复配而成。使用发酵剂发酵经过熟化的面粉，扩增酶系。在水解过程中，霉菌的蛋白酶水解面粉的蛋白质成为呈现香味的氨基酸。糖化酶水解淀粉成为具有还原性的糖类，氨基酸与还原糖发生美拉德反应，赋予面酱特有的色泽和风味。本实验要求理解甜面酱的制作原理，掌握加工方法。

二、实验材料和设备

1. 实验材料

面粉、发酵剂、盐、水。

2. 实验设备

蒸锅、发酵罐、搅拌器、钢磨、恒温培养箱、台秤、温度计。

三、实验内容

1. 工艺流程

面粉与水拌和→蒸熟→冷却→接种→制曲→面曲入罐发酵→成熟酱醅→磨酱→杀菌→灌装密封→成品

2. 参考配方

（1）制曲阶段：以 1000g 面粉为基准，加入发酵剂 3g，加水 300～400mL。

（2）发酵阶段：以 1000g 成曲为基准，加入 13°Bé 盐水 800～850mL。

3. 操作要点

（1）面粉蒸熟：将面粉与水充分拌和，送入常压蒸锅中蒸料 40～60min，蒸熟完成的标准以熟面块呈玉白色，嚼时不粘牙，稍有甜味为宜。

（2）接种：将蒸熟的面粉冷却至 40℃。发酵剂接种量为面粉的 0.3%。发酵剂与面粉按 1∶10 的配比混匀分散，然后与熟化的面粉拌和均匀成为曲料。

（3）制曲：将曲料疏松平整地装入曲盒，料层厚 25cm，然后立即通风，静止培养 6h 左右，开始间断输入循环风。当曲料结块，料呈白色时，立即输入冷风，翻曲 1 次，再经 8h 左右通风培养，曲料第 2 次结块，再进行 1 次翻曲。当曲料颜色逐渐变黄时，应连续输入循环风，经18h左右后，孢子由黄变绿，曲料结成松软的块状，即为成面曲。整个过程中必须保证曲料温度始终控制在30～35℃。正常的面曲断面应呈白色松散的粉状，质地轻而松脆，清香，口尝有甜味。

（4）面曲入罐发酵：将成曲（面糕曲）倒入保温罐，加入温度为45℃，14°Bé的盐水，盐水加入量为面糕的85%，品温维持在53～55℃，持续15d左右成酱醅，注意每天搅拌2次。

（5）磨酱、灭菌：使用在钢磨中磨细发酵成熟的酱醅（或再过筛），并以蒸汽加热灭菌，即为成品。必要时对干稀进行调节。

4. 成品评价

（1）感官指标：呈黄褐色或红褐色，有光泽；有酱香和酯香，无不良气味；甜咸适口，味鲜醇厚，无酸、苦、焦煳及其他异味；体态黏稠适度，无杂质。

（2）理化指标：水分≤55.00%（质量分数），还原糖（以葡萄糖计）≥20.00%（质量分数），食盐含量（以NaCl计）≥7%（质量分数），氨基酸态氮（以氮计）≥0.3（质量分数）。

（3）评价方法：按照SB/T 10296—2009《甜面酱》进行评价。

四、问题讨论

1. 分析水分、制曲时间、制曲温度对面糕曲质量的影响。
2. 分析原料处理对甜面酱质量的影响。
3. 在实验室条件下如何实现发酵过程的保温和通风？
4. 如何解决甜面酱出现再发酵问题？

五、参考文献

[1] SB/T 10296—2009 甜面酱．

[2] 上海酿造科学研究所．发酵调味品生产技术．修订版．北京：中国轻工业出版社，2007.

[3] 视频：爱课程/食品技术原理/5-1/媒体素材/甜面酱加工工艺．

程代

实验5 芥末油的制作

一、实验原理和目的

十字花科植物芥菜籽含有芥子苷。当芥菜籽破碎后，在有水的情况下，芥子酶催化芥子苷产生水解反应，生成含辛辣物质异硫氰酸丙烯酯和葡萄糖。提取过程将破碎的植物颗粒置于容器中，通入水蒸气，精油随同蒸汽挥发。挥发的精油随蒸汽经冷凝器冷凝后，形成了含精油的水油乳浊液。在室温下静置含水的乳浊液，使大部分水因相对密度的差别与精油分离。分离得到粗精油，粗精油中还含有极少量的水分，呈混浊状，不能作为精油成品，还需继续精制，冷却粗精油直到精油中的少量水分形成微小的冰晶，分离冰晶，可获纯的芥子精油。芥子精油以1%的比例调入植物油即为食用芥末油。本实验要求掌握水蒸气蒸馏法提取、分离挥发性的植物精油的方法和调配食用芥末油的方法。

二、实验材料和设备

1. 实验材料

芥菜籽（黑黄）、精炼植物油、自来水。

2. 实验设备

玻璃器皿、粉碎机、电炉、恒温水浴、冰柜、天平、分液漏斗等。

三、实验内容

1. 工艺流程

芥菜籽→粉碎→热浸水解→蒸馏→馏出液收集→粗分离→精制→芥末精油→调配→成品

2. 操作要点

（1）粉碎：将芥菜籽放入粉碎机中磨碎，得到芥末面。

（2）热浸水解：称取粉碎后的芥末糊 100g 放进双口蒸馏瓶中，再加入 200mL 80℃水，用玻璃棒迅速搅匀，盖上胶塞，置水浴中 80℃保温 2h。芥末糊加水后快速搅拌，盖胶塞密封，以免精油挥发。

（3）蒸馏：将保温结束后的蒸馏瓶放置于蒸馏系统中，用电炉加热单口蒸馏瓶（装 300～400mL 水），产生的蒸汽通入物料底部，并开启冷却水至冷凝器。用三角瓶接收馏出液。在蒸馏过程中，注意电炉温度，不可过高，以免液态物料暴沸。

（4）馏出液收集：蒸至馏出液大约 100mL。仔细观察至馏出液无精油油滴，关电炉停止蒸馏。

（5）粗分离：汇集实验中的馏出液静置 2h 后，用分液漏斗分离，得到粗精油。

（6）精制：将粗精油汇集到三角瓶中，置于冰柜中冷冻（＜－5℃）分离。放置 8h 以上，观察确认精油清亮后，用干净的分液漏斗分离，即得纯芥子精油。

（7）调配：芥子精油按照一定比例加入植物油，混合均匀即为芥末油。

3. 成品评价

（1）感官指标：色泽呈浅黄色，具有芥末特有的辛香味；外观清亮、透明，呈油状。

（2）理化指标：芥子油含量 1%～1.2%，过氧化值（以脂肪计）＜0.25g/100g，酸价＜3mg KOH/g；黄曲霉毒素含量＜10mg/kg。

（3）评价方法：按照 DB 11/518—2008《食用调味油卫生要求》进行评价，芥子油含量按照参考文献［3］进行评价。

四、问题讨论

1. 讨论工艺流程各步骤的设计原理。
2. 样品的感官指标和组织形态可以使用什么方法进行客观评价？
3. 工业生产中应该采用什么工艺流程和设备？
4. 生产上蒸馏后的芥末面还有何用途？

五、参考文献

［1］DB 11/518—2008 食用调味油卫生要求 .

[2] 赵江，谢可伟等．芥末油生产原理和生产工艺．中国调味品，1991，9 (4)：25-26.
[3] 张清峰，姜子涛等．紫外分光光度法测定辣根及芥末制品中异硫氰酸酯含量的研究．中国调味品，2005，(6)：15-20.
[4] 视频：爱课程/食品技术原理/13/媒体素材/精油萃取器．

赵江

实验6　面筋的制作

一、实验原理和目的

面筋是将小麦粉用水和成面团，用水反复揉洗面团，在水洗时淀粉和麦麸等水溶性物质逐渐脱离，面粉中的麦胶蛋白和麦谷蛋白的微粒吸水膨胀，体积增大，蛋白质微粒互相黏合，形成网络结构——生面筋。生面筋经揉浆、摊凉、打浆和油炸制成油面筋。面筋的洗出率受到小麦粉质量、面团饧制时间、洗水温度等多种因素的影响。本实验的目的是理解这些因素和面筋洗出率的关系，掌握生面筋和油面筋制作工艺和品质评价方法，并学会使用析因设计的方法设计实验。

二、实验材料和设备

1. 原辅材料

高筋粉、食盐、水。

2. 实验设备

不锈钢盆、滤筛、天平、刀具、量筒、烧杯、温度计、玻璃板（两块 15cm×30cm，厚度为 5mm)、油炸锅。

三、生面筋的实验内容

1. 工艺流程

高筋粉→面团调制→饧制→水洗→脱水→面筋

2. 操作要点

(1) 称取高筋小麦粉 500g 置于不锈钢盆中，加入配制好的食盐水（食盐 5g＋水 250mL)，充分拌和，直至面团的硬度达到耳垂的软硬程度为止。

(2) 面团调好后需要饧制，时间一般为 1h，夏季可稍短，以防发酵变酸。

(3) 将面团置于滤筛中进行淋水揉洗，洗出面团中的水溶性物质和麸皮。

(4) 将洗好的面筋放在洁净的玻璃上，用另一块玻璃挤压面筋，排出其中的游离水，每压一次后取下并擦干玻璃板，反复挤压直至稍感面筋黏手为止。

(5) 将生面筋制成直径为 2cm 的柱状物。

四、油面筋的实验内容

1. 工艺流程

面筋→揉浆→摊晾→打浆→油炸→油面筋

2. 操作要点

(1) 揉浆：将面筋切成小块，按每100g面筋加食盐2g的比例加入食盐，然后将其放入盛有清水的不锈钢盆中，用力搅拌，期间可更换洗涤水，直至上层洗涤水变清为止。

(2) 摊晾：把揉清浆水的面筋切成1cm厚的薄片，摊晾在滤网上，沥水1h。用纱布在面筋上反复按压，吸收面筋里的游离水分，直至面筋不粘手为止。

(3) 打浆：先把面筋切成20～50g重的小块。按每100g面筋加高筋粉20g的比例加入高筋粉，待面粉全部均匀地拌和在面筋中后，再把面筋块拉长，轮换抓住面筋块一头，用力在砧板上摔打直至看不到面粉，成为具有光亮感的坯子为止。

(4) 油炸：将上述坯子分割成小块（约5g），揉成球状颗粒，下锅油炸，油温控制在120℃，待坯子起泡成球状时，将油温上升到150℃，继续炸至皮色金黄，质地硬脆，球面饱满光滑，即为成品。

3. 产品评价

面筋和油面筋应具有该类产品应有的色泽、滋味、气味和状态，无异味，无霉变，无正常视力可见的外来异物。采用GB 2711—2014《面筋制品》进行评价。

4. 析因分析实验设计

本实验要求实验者选择影响面筋洗出率的因素，如小麦粉质量、面团饧制时间、洗水的温度等，进行多因素、多水平的实验设计。通过实验结果确定影响面筋洗出率的显著性因子。

五、讨论题

1. 什么是面筋？它的主要成分是什么？分析影响面筋的洗出率的因素主要有哪些？
2. 面团调制过程中，根据其物性变化可分为几个阶段？各个阶段的主要现象是什么？
3. 在本实验中采取什么措施来提高面筋的洗出率？效果如何？还可以采取什么措施？
4. 在工业化生产中，应选用什么工艺流程和设备？

六、参考文献

[1] GB 2711—2014 面筋制品.

[2] 刘兰英. 粮油检验. 北京：中国财政经济出版社，1998.

[3] 森孝夫. 食品加工学実験書. 京都：化学同人，2003.

[4] 视频：爱课程/食品技术原理/14-2/媒体素材/油面筋制作技术.

陈文

实验7　粉丝的制作

一、实验原理和目的

淀粉糊化与老化是粉丝生产的基本原理。淀粉加入适量水，加热搅拌糊化成淀粉糊（α-淀粉），冷却和冷冻后，变得不透明，凝结而沉淀，这种现象称为淀粉的老化。粉丝制作中，淀粉加水制成糊状物，用悬垂或挤出法成型，之后在沸水中煮沸，令其糊化，捞出水冷，使之老化，干燥即得粉丝。传统生产粉丝使用硫酸铝钾（明矾）作为交联剂，提高粉丝的耐煮性和韧性。由于铝摄入过多可引起疾病，世界卫生组织1989年已经规定铝是食品污染物，要求加以控制。交联淀粉作为硫酸铝钾的替代物，已用于粉丝的制造。本实验要求掌握粉丝制备的原理和制作工艺，理解交联淀粉在粉丝制作中的作用。

二、实验材料和设备

1. 实验材料

绿豆淀粉、马铃薯淀粉、甘薯淀粉、交联淀粉、水。

2. 实验设备

搅拌器、蒸煮锅、7～15mm孔径的多孔漏粉器、温度计、不锈钢筛网、冷水槽、台秤、冰箱、烘箱。

三、实验内容

1. 工艺流程

原料＋水→打糊→搅拌→漏粉→煮熟→糊化定型→冷却→冷冻→切断→烘干→成品

2. 参考配方

绿豆淀粉或马铃薯和甘薯淀粉（1∶1）1000g，水500～600mL，交联淀粉40～60g。

3. 操作要点

（1）打糊、搅拌

将30～40g绿豆淀粉或马铃薯和甘薯淀粉（1∶1），加入30～40℃温水400mL混匀，在搅拌的同时加入100～200mL沸水，先低速搅拌，后逐渐提高搅拌速率，直至糊化，搅拌均匀至无块，打好的糊透明；然后再加960～970g生绿豆淀粉或马铃薯和甘薯淀粉（1∶1），进行搅拌，要求搅拌均匀，温度控制在40℃左右，避免在淀粉面团中形成气泡。

（2）漏粉

用底部有7～15mm孔径的多孔漏粉器，将搅拌好的淀粉糊状物漏入沸水锅中，保持蒸煮锅中的水位，煮沸3min，使粉丝煮熟和煮透，糊化定型。

（3）冷却

将糊化定型的粉丝捞出，浸入20℃以下冷水中10min。

（4）冷冻

在－18℃冰箱中，样品厚度5cm，冻结6h。

（5）切断

将冻结的粉丝放于不锈钢平底盘中，切断并整理成规定长度。

（6）烘干

将整理好的粉丝在不锈钢筛网中码放整齐，放入烘箱中干燥，热风温度控制在55～60℃，干燥后的粉丝含水量小于15％。

4. 成品评价

（1）感官指标：色泽白亮或具有产品应有的色泽；具有绿豆、马铃薯、甘薯淀粉应有的气味和滋味，无异味；丝条粗细均匀，无并丝，无碎丝，手感柔韧，弹性良好，呈半透明状态；无肉眼可见外来杂质。

（2）理化指标：水分≤15%（质量分数），淀粉≥75%（质量分数），溶水干物量≤10%（质量分数）。

（3）评价方法：按照 GB/T 23783—009《方便粉丝》进行评价。

四、问题讨论

1. 设计实验说明淀粉的来源对于制造粉丝有何影响？
2. 在粉丝的加工中如何应用淀粉糊化与老化的机理？
3. 从透明度、质地及耐煮性三方面分析，可以采取哪些措施提高粉丝的质量？

五、参考文献

[1] GB/T 23783—2009 方便粉丝．

[2] 余平．淀粉与淀粉制品工艺学．北京：中国轻工业出版社，2011.

[3] 巫东堂，周柏玲等．无铝粉丝（条）研制及生产工艺研究．农业工程学报，2003，(1)：162-164.

[4] 贾莉薇．交联淀粉在土豆粉丝生产中的应用研究．贵州工业大学学报，2003，(1)：30-32.

[5] 视频：爱课程/食品技术原理/14-2/媒体素材/粉条、粉丝．

王丽霞

实验 8　魔芋凝胶食品的制作

一、实验原理和目的

魔芋又称蒟蒻，是天南星科蛇芋属多年宿根性块茎草本植物。魔芋富含葡萄糖甘露聚糖（以下简称葡甘聚糖），是一种低热量、低蛋白、高钙、高膳食纤维的食物。魔芋葡甘聚糖中的乙酰基具有阻隔葡甘聚糖分子长链间的靠近作用。在弱碱性条件下加热，魔芋葡甘聚糖链上的乙酰基与糖残基上羟基形成的酯键发生水解，即脱去乙酰基，魔芋葡甘聚糖变成裸状，分子间形成氢键而产生部分结构结晶作用，所形成的凝胶随温度升高弹性增大，随温度降低弹性降低。这是魔芋葡甘聚糖凝胶形成的机理和规律。本实验要求掌握魔芋凝胶的工艺过程，理解魔芋凝胶工艺过程的影响因素。

二、实验材料和设备

1. 实验材料

魔芋粉、氢氧化钙或碳酸钠。

2. 实验设备

恒温水浴锅、电磁炉、模具、不锈钢槽。

三、实验内容

1. 工艺流程

凝固剂溶液

↓

魔芋粉→加水调成液体→吸水膨胀→加热至沸腾→混合→半凝固状→入模成型→凝固→沸水加热→冷水漂洗→成品

2. 操作要点

（1）吸水膨胀：将魔芋粉加水调成3%液体，在45℃保持1～2h；使其呈均匀分散状，随后吸水形成黏性状态。

（2）凝固成型：加热溶液至开始沸腾时，加入预先以热水调制的10%氢氧化钙或碳酸钠等凝固剂溶液，剧烈混合30s待呈半凝固状后倒入箱模，放置2～3h。

（3）加热：在85～100℃热水中保持20～30min，以增加弹性，去除异味，再置于冷水中漂洗约10h，即为成品。

（4）成型：魔芋凝胶可以在胶凝过程中或在胶凝之后，进行整形处理，变化为丝状、板块状及袋状魔芋凝胶。

3. 样品评价

（1）魔芋凝胶食品呈凝胶状，具有均匀的色泽、润滑的质地。以感官评价样品的色泽、质地和风味，测定样品的硬度和韧性，分析出现的质量问题。

（2）评价方法：按照Q/YHY 0001 S—2011《魔芋素食》评价。

四、问题讨论

1. 凝固剂在魔芋凝胶加工中有何重要作用？如何选择和控制？
2. 如何长期保存魔芋凝胶？还需要增加什么单元操作？
3. 工业化生产选择什么流程和设备？

五、参考文献

[1] Q/YHY 0001 S—2011 魔芋素食．

[2] 庞杰，林琼，张甫生等．魔芋葡甘聚糖功能材料研究与应用进展．结构化学，2003（11）：633～642.

[3] 黄中伟．魔芋加工实用技术和装备．北京：中国轻工业出版社．2005.

[4] 视频：爱课程/食品技术原理/14-2/媒体素材/魔芋凝胶食品加工．

王丽霞

第九章　食品物性的测定

实验1　果汁表观黏度的测定

一、实验原理和目的

表观黏度，是指非牛顿流体在一定速度梯度下，相应的剪切应力除以剪切速率所得的商。果汁或浓缩果汁的表观黏度，可用液汁流经特制的玻璃管（图9-1）所用的时间表示。同样条件下测量水流玻璃管的时间。此值属相对值，不能用标准单位表示。通过本实验学习测定果汁表观黏度的方法。

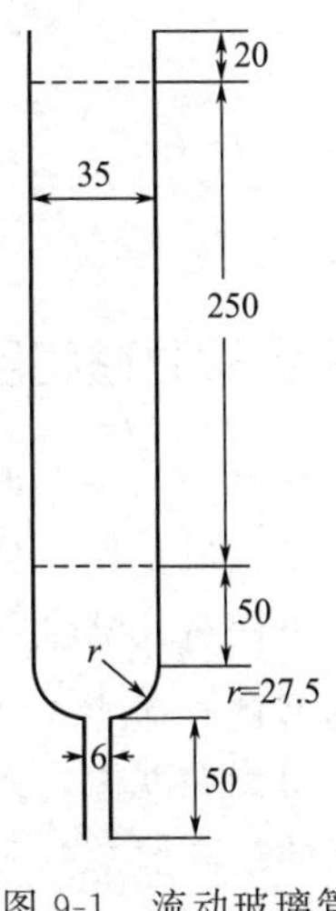

图9-1　流动玻璃管
（单位：mm）

二、实验材料和设备

1. 实验材料

浓缩果汁。

2. 实验设备

流动玻璃管；5cm橡皮管用于连接玻璃管和喷嘴；玻璃喷嘴：长25mm，外径10mm，内径分别为2.0mm、3.0mm、4.0mm、5.0mm、6.0mm；固定夹；弹簧夹；秒表。

三、实验内容

1. 选择喷嘴

采用20℃蒸馏水，选择测定用喷嘴。把流动玻璃管用固定夹拧紧，垂直固定。将20℃的蒸馏水充满玻璃管，液面调至上刻度线。快速打开弹簧夹，测量水流过两条校准刻度线之间的时间。15～60s为适宜的流动时间，以此选取喷嘴。

2. 测量

把上述蒸馏水换成浓缩果汁重复操作，测量果汁流过两条校准刻度线之间的时间。

3. 结果表示

蒸馏水和样品的测定结果均用“s/20℃”表示，同时说明所选用的喷嘴的直径。

四、问题讨论

1. 果汁的温度对其黏度有何影响？
2. 测量时，在装液过程中有气泡混入对测量结果有何影响？

3. 测量时，果汁的黏度大小对于选择喷嘴直径有何影响？

4. 该测定方法有何缺点？

五、参考文献

[1] NY82.4—1988 果汁测定方法　表观黏度的测定.

[2] 李里特. 食品物性学. 北京：中国农业出版社，2001.

[3] 王昭，李云康，潘思轶等. 浓缩柑橘汁流变特性研究. 食品科学，2006 (12)：99-102.

[4] Quek M C，Chin N L，Yusof Y A. Modelling of rheological behaviour of soursop juice concentrates using shear rate-temperature-concentration superposition. Journal of Food Engineering，2013，118 (4)：380-386.

[5] Umemoto L D M. Rheological Properties of Fruits and Vegetables：A Review. International Journal of Food Properties，2014，18 (6)：1191-1210 (20).

李书红

实验2　淀粉糊化黏度的测定

一、实验原理和目的

黏度计的工作原理为转速一定的转子，在流体中克服液体的黏滞阻力所需的转矩，与液体的黏度成正比，样品产生的黏滞阻力通过反作用的扭矩表达出黏度，其带有加热保温装置，可保持仪器及淀粉乳液的温度在45～95℃变化且偏差为±0.5℃。淀粉样品糊化后具有抗流动性，在45～95℃的温度范围内，样品随着温度的升高而逐渐糊化，通过旋转式黏度计可得到黏度值，此黏度值即为当时温度下的黏度值。绘出黏度值与温度曲线图，即可得到黏度的最高值及当时的温度。本实验利用旋转式黏度计测定淀粉稀溶液的黏度，学习黏度计的测定原理和使用方法，了解淀粉稀溶液黏度随温度的变化规律。

二、实验材料和设备

1. 实验材料

玉米淀粉、蒸馏水。

2. 实验设备

旋转式黏度计、天平、250mL 四口烧瓶、搅拌器、恒温水浴锅、冷凝器。

三、实验内容

1. 操作要点

(1) 样品的准备：用天平称取样品，使样品的干基质量为6.0g。倒入烧杯，加入蒸馏水，使水的质量与所称取的淀粉质量和为100g。

(2) 黏度计及淀粉乳液的准备：按黏度计所规定的操作方法进行校正调零，并将仪器测定筒与保温装置相连，打开水浴。淀粉乳液定量移入装在水浴内的烧瓶，烧瓶上装有搅拌器和冷凝器，并且密闭。打开保温装置、搅拌器（转速120r/min）和冷凝器。

(3) 测定：将测定筒和淀粉乳液的温度通过水浴分别同时控制在45℃、55℃、65℃、

75℃、85℃、95℃。在保温装置到达上述每个温度时，从有淀粉乳液烧瓶中吸去淀粉乳液，加到黏度计的测量筒内，测定黏度，读下各温度时的黏度值。

(4) 作黏度值与温度变化曲线：以黏度值为纵坐标、温度变化为横坐标，根据黏度测定得到的数据作出黏度值与温度变化曲线。

(5) 测定次数：对同一样品进行平行测定。

2. 结果表示

(1) 结果：从以上所作的曲线图中，找出对应温度的黏度值。

(2) 允许差：同时或迅速连续进行二次测定，其结果之差的绝对值应不超过平均结果的10%。

四、问题讨论

1. 淀粉乳液的烧瓶上为什么要安装冷凝器？淀粉稀溶液的浓度对其黏度有何影响？
2. 测量时，旋转式黏度计的内筒转速过高或过低对测量结果有何影响？
3. 测量时，旋转式黏度计的加料量对测量结果有何影响？
4. 测量时，为何要选择合适的转子？

五、参考文献

[1] GB/T 22427.7—2008 淀粉黏度测定.

[2] 李里特. 食品物性学. 北京：中国农业出版社，2001.

[3] 赵安庆，张晓宇. 淀粉黏度测定方法综述. 甘肃联合大学学报：自然科学版，2005，19 (2)：87-88.

[4] Mckenna B M，Lyng J G. Principles of food viscosity analysis. Instrumental Assessment of Food Sensory Quality，2013：129-162.

[5] Sulaiman R，Dolan K D，Mishra D K. Simultaneous and sequential estimation of kinetic parameters in a starch viscosity model. Journal of Food Engineering，2013，114 (3)：313-322.

李书红

实验3 肉嫩度的测定

一、实验原理和目的

肉的嫩度是指肉在切割时所需的剪切力，它反映肉品质的重要指标。肉嫩度有多种测定方法，质构仪是常用的方法之一。质构仪是模拟人的触觉，分析检测触觉中的物理特征。图9-2是食品工业中常用的质构仪，在计算机程序控制下，可安装不同传感器的横臂和探头在设定速度下上下移动，当传感器与被测物体接触达到设定的触发应力或触发深度时，计算机以设定的记录速度（单位时间采集的数据信息量）开始记录，并在计算机显示器上同时绘出传感器受力与其移动时间或距离的曲线。由于传感器是在设定的速度下匀速移动，因此，横坐标时间和距离可以自动转换，并进一步计算出被测物体的应力与应变关系。由于质构仪可配置多种传感器，因此，该质构仪可以检测食品多个力学性能参数和感官评价参数，包括拉伸、压缩、剪切、扭转等作用方式。根据力随时间的变化关系测定肉的嫩度。本实验利用质构仪穿透法测定肉的嫩度，学习质构仪的测定原理、使用方法，了解肌肉组织结构对肉嫩度的影响。

二、实验材料和设备

1. 实验材料

符合食品卫生标准的猪胴体。

2. 实验设备

质构仪、计算机、刀具、恒温水浴锅。

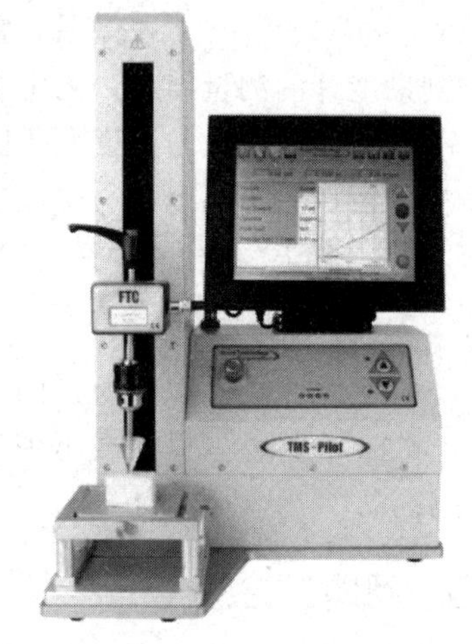

图 9-2 质构仪

三、实验内容

1. 样品的准备

在符合食品卫生标准的猪胴体上，在同一时间、同一胴体不同部位肌肉取样，将肉块除去表面结缔组织、脂肪后，放入90℃恒温水浴锅中加热，加热煮制40min，然后取出冷却至室温。按肌纤维方向切成大小为300mm×500mm×20mm的样品。取得猪肉样品包括里脊、股二头肌、冈上肌、臂三头肌、背最长肌和臀肌。

2. 质构仪准备

根据质构仪说明书所规定的方法对质构仪进行校正调零，选择柱形探头对每种样品分别进行穿透测定。测定条件设置如下：探头测量模式为阻力测试；探头运行方式为循环方式；探头下行速度为6.0mm/s，探头返回速度为6.0mm/s，下行距离为20mm，每次数据采集量为200，样品厚度为20mm，每种样品测定3次。

3. 嫩度测定

把样品放入质构仪上，根据上述设置条件对样品进行测定，记录测试样品所花费的时间及对应的压力。以时间为横坐标，压力为纵坐标作图，得到样品压力随时间变化而变化的关系曲线。确定曲线上的第一个极值点，用该点压力表示样品的嫩度。

四、问题讨论

1. 猪胴体不同部位的肌肉对测定结果有何影响？
2. 测量时，不同质构仪的探头对测量结果有何影响？
3. 测量时，为何要指定质构仪的测定条件？
4. 影响质构仪测定准确性的因素有哪些？

五、参考文献

[1] NY/T 1180—2006 肉嫩度的测定剪切力测定法.

[2] 李里特. 食品物性学. 北京：中国农业出版社，2001.

[3] 丁武，寇莉萍，张静等. 质构仪穿透法测定肉制品嫩度的研究. 农业工程学报，2005，21 (10)：138-141.

[4] 食品工业使用的探头. http：//www. texturetechnologies. com/foods _ probes. html.

[5] Wu G，Farouk M M，Clerens S，et al. Effect of Beef Ultimate pH and Large Structural Protein

Changes with Aging on Meat Tenderness. Meat Science，2014，98（4）：637-645.

［6］视频：爱课程/食品技术原理/8-3/媒体素材/肉嫩度测定.

李书红

实验4　食品水分的快速测定

一、实验原理和目的

水分快速分析测量过程是基于干燥失重原理进行的。测量过程中，样品被加热，其内部水分因受热而蒸发，通过计算加热过程中样品质量的损失，测得其水分含量。MA30型电子水分分析仪是用于水分快速测定的仪器，它通过红外线加热样品使样品失重，测定食品的水分。该仪器可测量谷物、豆类、豌豆、果核（干基或湿基）、整粒油菜籽、葵花籽等的水分，它还可用于测定其他农业或非农业的物质的水分。图9-3为MA30电子水分分析仪的外观图。本实验要求学习水分快速测定的方法。

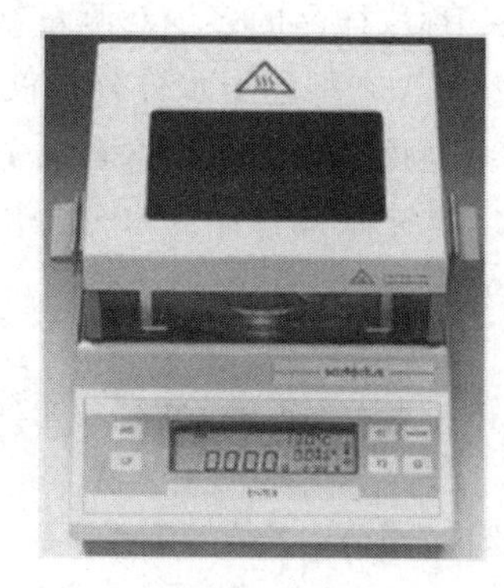

图9-3　MA30电子水分分析仪

二、实验材料和设备

1. 实验材料

谷物、豆类等。

2. 实验设备

MA30电子水分分析仪。

三、实验内容

1. 仪器操作

（1）提起盖子，把保护托盘和盘托放好，接通电源。接通电源，“⊙”将显示在屏幕左上角。

（2）按“1/⊙”键，系统进入开机自检状态，自检结束，“TAR”将显示在屏幕上。

（3）开盖子，将一个一次性的托盘放在大托盘上，按“ENTER”键，此时“TAR”将消失，屏幕显示质量为0.000g，仪器处于待工作状态。

（4）调整仪器参数。用功能键“CF”及“F1”、“F2”键可调整到需要的温度及时间。

（5）称取5～10g样品，平铺到一次性盘上，尽量铺均匀平整，记下屏幕上显示的质量。

（6）盖上盖子，仪器将自动开始测量。

（7）此时显示的数值将随时间的变化不断变化，所显示的数值都是即时数据。可以用面板上的“MODE”键来切换5种显示方式，它们按照顺序分别是：样品重、样品中水分含量、样品中干物质含量、百分率1、百分率2。

2. 结果计算

样品水分含量＝（原始质量－最终质量）/原始质量×100％

样品干物质含量＝最终质量/原始质量×100％

百分率 1＝（原始质量－最终质量）/最终质量×100％

百分率 2＝原始质量/最终质量×100％

四、问题讨论

1. 称取样品的多少对测量结果有何影响？
2. MA30 型电子水分分析仪适用于测定什么食品的水分？
3. 适用食品的水分含量的范围是多少？
4. 如果被测样品的水分含量高于上述范围，那么该如何处理？

五、参考文献

[1] 张慧，乙小娟，周璐．用红外水分测定仪快速测定食品中的水分．化学分析计量，2005，27（06）：17-19.

[2] 刘孝沾，卞科，陈培啸等．主要谷物水分测定方法比较研究．粮食与饲料工业，2012（03）：57-60.

[3] Heman A，Hsieh C L. Measurement of Moisture Content for Rough Rice by Visible and Near-Infrared (NIR) Spectroscopy. Engineering in Agriculture Environment & Food，2016，9（3）：280-290.

[4] 视频：爱课程/食品技术原理/8-3/媒体素材/食品水分快速测定．

李书红

实验 5　食品水分活度的测定

一、实验原理和目的

食品水分活度是食品中水分的饱和蒸汽压与相同温度下纯水的饱和蒸汽压的比值。它表达了食品中水分活性的活泼程度，它是决定食品腐败变质快慢和保质期的重要参数之一。食品中发生的油脂氧化、酶促褐变、非酶促褐变、微生物的繁殖等系列反应的反应速率与水分活度之间有良好的相关性。食品中水分活度的检验方法很多，如蒸汽压力法、溶剂萃取法、扩散法、水分活度测定仪法等。水分活度测定仪外形如图 9-4 所示。在一定温度下水分活度测定仪中的传感器根据食品中水的蒸汽压力的变化，从仪器的表头上读出指针所示的水分活度。在样品测定前需用氯化钡饱和溶液校正水分活度测定仪的水分活度为 9.000。本实验要求理解水分活度的概念，学会使

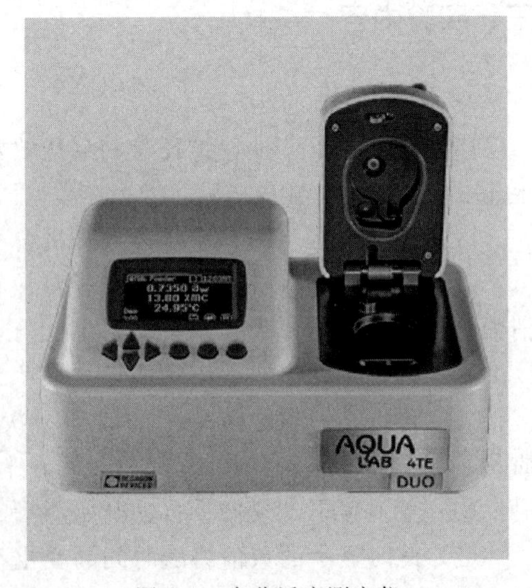

图 9-4　水分活度测定仪

用水分活度测定仪测定食品中水分活度的操作技术。

二、实验材料和设备

1. 实验材料

水果、蔬菜等，氯化钡。

2. 实验设备

水分活度测定仪、温度计。

三、实验内容

（1）仪器校正：室温18～25℃，湿度50%～80%的条件下，用饱和盐溶液校正水分活度仪。

（2）样品准备：取可食部分代表性样品，在室温18～25℃，湿度50%～80%的条件下，迅速切成约小于3mm×3mm×3mm的小块。

（3）样品测定，将准备好的样品置于水分活度测定仪的小盘内，关上盖子，点击“READ”按钮，每隔40s出现一次水分活度值，当水分活度值不再发生变化时的数值即为此温度下试样的水分活度值。

四、问题讨论

1. 仪器法测定水分活度的原理是什么？
2. 说明试样和传感器的表头需要恒温的原因。
3. 比较不同温度下样品水分活度的差异。

五、参考文献

[1] 张水华．食品分析．北京：中国轻工业出版社，2004.

[2] 阚建全．食品化学．第二版．北京：中国农业大学出版社，2008.

[3] AquaLab 3TE水分活度仪操作说明书．

[4] Osés J，Niza S，Ziani K，et al. Potato Starch Edible Films to Control Oxidative Rancidity of Polyunsaturated Lipids：Effects of Film Composition，Thickness and Water Activity. International Journal of Food Science & Technology，2009，44（7）：1360-1366.

[5] 视频：爱课程/食品技术原理/8-3/媒体素材/食品水分活度测定．

李书红

实验6　食品色泽与色差的测定

一、实验原理和目的

任何一种颜色的光，都可看成是由蓝、绿、红3种颜色的光按一定比例组合起来的。光进入眼睛后，3种颜色的光分别作用于视膜网上的3种细胞上产生刺激在视神经中，这些分别产生的刺激又混合起来，产生彩色光的感觉。色差计就是用红、绿、蓝3种滤色片来模拟人眼的3种红、绿、蓝锥体细胞。由红、绿、蓝滤色片分别接收物体表面的红、绿、蓝的反射光，随后进行光电转换成X、Y、Z，然后再导出其他颜色数据。本实验以DC-P3型全自动测色色差计（图9-5）为例，了解测色色差计的构造、功能、工作原理和使用方法，掌握测定食品色泽和色差的方法。

图9-5　DC-P3型全自动测色色差计

二、实验材料和设备

1. 实验材料

两种茶饮料、面粉。

2. 实验设备

DC-P3型全自动测色色差计、标准白板、黑筒、标准比色皿、粉体压样器。

三、实验内容

1. 两种茶饮料的色泽与色差测定

（1）色差计的预热　将探头电缆线的插头、打印机的电缆线插头与打印机连接，连接电源，把探头放在任何一种表面干净的白色物体上，按下右上角的电源开关，这时探头灯亮，显示器显示〈DC-P3 9′60″〉并倒数计时，表示处于预热阶段，预热时间为10min。

（2）测定数据的编辑（选用 $L^* a^* b^*$ 表色系统，需要 $L^* a^* b^*$ 颜色数值）预热后可以编辑所需要的颜色数据。预热结束后，按“复位”键，显示〈ZERO〉，再按“调零”键，显示〈WHITE〉，再按“调白”键显示〈MAIN〉。此时，按“编辑”键，即显示〈XYZ、LAB、Sw〉，在X处显示■并闪动，表示此值可以改变，按“位移”键，将■移动到Sw，按“置数”键，显示〈Y X Z ON〉，如果不要这些数据，按“置数”键即显示〈OFF〉；再按“位移”键，显示〈$L^* a^* b^*$ ON〉，若不需要按“置数”键即显示〈OFF〉，连续按“位移”键，用同样的方法可以选择是否需要LAB、C. H.、WHITE、Yi值。在这里需要 $L^* a^* b^*$，因此将这两项设为ON。当按“位移”键屏幕显示〈Dbb〉时，按“置数”键将其设定为OFF。编辑完成后，按“选择”键，再按“编辑”键，仪器回到测量步骤。

（3）调零　探头底下放黑筒，按“调零”键，鸣“嘟”，几秒钟后又鸣“嘟”，并显示〈WHITE〉，表示可以调白。

（4）调白　探头底下放标准白板，按“调白”键，鸣“嘟”几秒钟后显示〈MEASU〉，表示可以测量。

（5）样品的处理　将样品1摇匀，放入专用比色皿，然后将探头放平，并将比色皿中心置于探头光斑中心，再将专用白陶瓷板置于比色皿背后，使比色皿的一面紧贴探头端面，而另一面紧贴白陶瓷板，最后用黑布罩住，防止外来光干涉，按“测量”键，显示〈S0、X、Y、Z〉，多次连续按显示键，显示样品1的各种颜色数据。然后将样品2按相同的方法进行测定，按“测量”键，显示〈S1、X、Y、Z〉，连续按显示键，显示样品2的各种颜色数据值以及这些值与样品1比较的色差值。

（6）打印　按“打印”键，即可把以上颜色数据全部打印出来。

2. 面粉白度的测定

待仪器预热，编辑所需要的颜色数据，在这里只需要测定白度值，因此将其他数据都设为 OFF，将 WHITE 设为〈ON〉。然后调零、调白。

采用恒压粉体压样器，将面粉压制成粉体试样板。试样板的表面应平整、无纹理、无疵点和无污点。测量时，直接将探头端面紧贴样板表面，按“测量”键，显示测量结果，打印结果。

四、注意事项

(1) 预热时，必须把探测器放在工作白板上，而不能放标准白板，否则必将使标准值改变，提高测量误差。

(2) 若仪器长时间处于工作状态，数据会有一定的漂移，故用户要取得准确的绝对值时，请每 30min 重新“调零”、“调白”一次。

(3) 仪器在工作中途需“调零”、“调白”时只要按一下“调零”键，即显示〈ZERO〉，表示可以“调零”、“调白”一次。

(4) 各种白度值 W 及黄度值 Y_i、变黄度 dY_i 只对测各种白色物体时有效。

对测彩色物体及灰体、黑体时均无效。

五、问题讨论

1. DC-P3 型全自动测色色差计的先进性表现在哪些方面?
2. DC-P3 型全自动测色色差计在测量色泽时，与感官评价相比有哪些优点和缺点?
3. 使用 DC-P3 型全自动测色色差计时如何获得精准有效的色值?

六、参考文献

[1] GB/T 3977—2008 颜色的表示方法.

[2] GB/T 3979—2008 物体色的测量方法.

[3] GB/T 7921—2008 均匀色空间和色差公式.

[4] GB/T 5698—2001 颜色术语.

[5] 视频：爱课程/食品技术原理/8-3/媒体素材/色差计.

阮美娟

实验 7　罐藏食品杀菌值的测定

一、实验原理和目的

罐藏食品主要采用加热的方法杀菌。在罐藏食品工业中通过采集罐头冷点温度，得出罐藏食品的杀菌值，从而监视各类罐头的传热情况，进而改进工艺和操作技术。目前，国内多采用中心温度测定仪来测定罐头杀菌过程中的冷点温度。罐头中心温度的测定，是制定合理的杀菌时间的依据。

本实验采用法国的 TMI-ORION 无线温度验证系统。该系统由应用软件、读数器（图 9-6）和温度记录器（图 9-7）3 个主要部分组成，其中温度记录器包括电池、探针传感器、数据记录器3部分。由探针传感器分别探测杀菌釜温度及各测定点罐头中心温度并将测得的数据储存于记录器，杀菌结束后通过读数器将数据转输给计算机，由数据处理系统计算出罐藏食品的杀菌值，并显示杀菌曲线及实际杀菌 F 值——F_0值。根据实际测得的 F_0值及食品的种类、标准杀菌值判断杀菌条件的合理性。罐头中心温度测定的有线系统如E-ValFlex，与无线温度验证系统的主要区别在于其测试点与Ellab标准温度计连接，通过热电偶导线，将测试过程中获得的信息传输，系统具有8～16个热电偶通道，传输的信息（温度、压力）通过数据处理系统计算并显示在液晶显示屏上，4行显示的液晶显示器自动滚动显示所有在使用通道的信息，更新频率为2s。显示每个通道的时间、温度、压力和 F_0值。其最大特点是能实时显示相关信息。测定时，探头的安装同无线系统，但热电偶导线需要穿过杀菌釜，然后与Ellab标准温度计连接。

本实验要求理解中心温度测定仪的工作原理，在熟练使用无线温度检测仪器的基础上初步学会罐藏食品在杀菌过程中冷点温度的测定方法及热处理杀菌条件的判别方法。

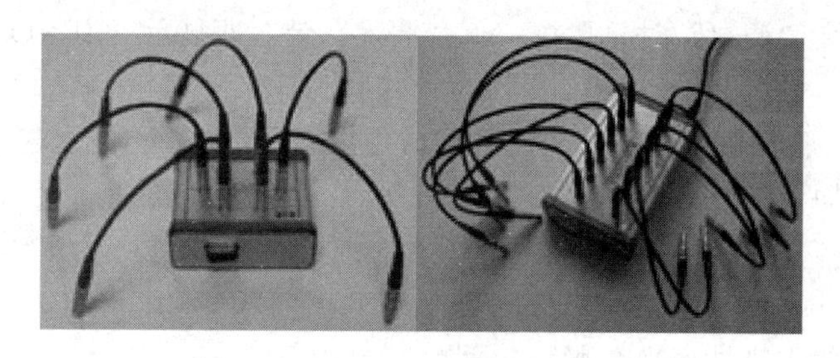

图9-6　通道读数器

图9-7　温度记录器

二、实验材料和设备

1. 实验材料

密封后待杀菌预包装食品，如罐头、饮料等。

2. 实验设备

TMI-ORION无线温度验证系统、杀菌锅、电炉、钳子、钻孔器。

三、实验内容

1. 工艺流程

待杀菌罐头→罐盖打孔安装相应的探头→选择读数器与电脑连接方式→设定数据文件保存路径→检测探头→选中探头→设置参数→确定升温时间→排气→封口→杀菌→杀菌后读取数据→根据测得 F_0值判定杀菌效果

2. 操作要点

（1）采用定位附件将探针置于测量冷点。根据不同应用，探针可以选择放置在容器内或容器外。①采用探针外置的方法：在罐藏食品的罐或瓶正中心打一个孔，利用温度套管附件（PROBE_PE_T）使探针到达测量冷点处，无需繁琐的包装。定位附件中含有一个防水密封圈，在包装受压时可以保证密闭性。②采用探针内置的方法：利用直线状定位套件（KIT_POSITION_01）、曲线状定位套件（KIT_TIN_PVQ）、在圆柱状容器中的定位套件

(KIT _ GROOVE _ PVQ 和 KIT _ GROOVELESS _ PVQ) 及高温胶带 (ADHESIF-HT) 等实现探针在容器内处于测量冷点。特殊情况时，还可根据实际情况进行定制或自制。使用定位附件可以使测量中的误差减少到最小。固定测量一个点，可以减少系统的测量误差。定位附件和测量装置间稳定连接。

(2) 选择合适大小的探针，或利用定位附件来调节探针在罐中的位置，直至达到冷点。测试使用无线温度传感器，将中心温度探针插入罐头的中心（冷点）部位，检测和记录产品在加热过程中的温度。

(3) 启动电脑，运行 QLEVER 程序，读取数据记录器。通过采用 USB 接口，电源可以由计算机直接提供，减少了对外部电源的需要。

(4) 将温度传感器连接在读书器上，然后点击“Identification”确认 QLEVER 可以和数据记录器通讯。首先观察电池电量是否为绿色，然后设定数据记录器程序，并为程序命名。在“已选择的程序”中进行探头参数的设置。

(5) 在探头中要设定的数据包括：探头采样时间（10s）；采样速率（1s）。根据实际检测的需要设定数据记录器的条件后，点击“Program”将程序写入数据记录器。当询问是否启动数据记录器时，点击“Yes”启动。

(6) 将探头放置于罐藏食品的中心，采用加热排气法，使中心温度达到 70℃。记录罐藏食品从加热开始升至 70℃的时间（排出空气并有杀菌效果）。重复实验，获得可靠的升温时间（图 9-8）。

(7) 排气：采用加热排气法，达到确定的升温时间后，立即封罐。

(8) 杀菌：将密封好的带有数据记录器的罐藏食品放入杀菌设备中，对杀菌设备进行全过程监控。

(9) 检测完毕后，将罐藏食品进行降温直至冷却。冷却后取出罐内的数据记录器，用洁净毛巾清洁并擦干。

(10) 把数据记录器连接电脑，点击“Read”，读取检测数据，获得曲线图（图 9-9）。图 9-9 中上方的曲线为探头测出的温度曲线，下方为杀菌值曲线，时间“min”列为实际杀菌 F 值——F_0值。

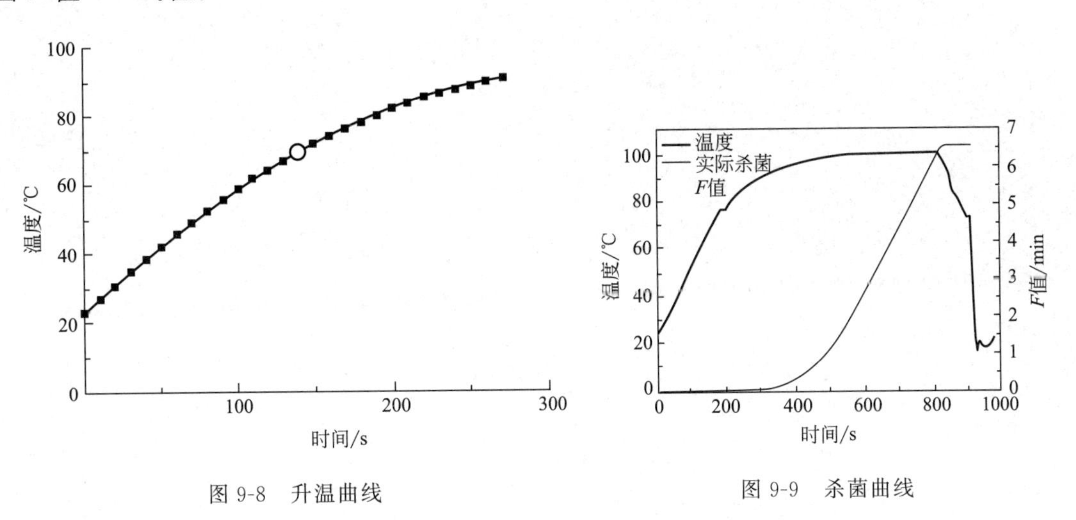

图 9-8 升温曲线

图 9-9 杀菌曲线

(11) 在电脑上依次填写 description，equipment，logger，program 等信息，点击“Save”，保存信息文件。

（12）杀菌条件合理性判别：将测得的实际杀菌 F 值——F_0 值与对象菌的标准（安全）F 标值进行比较，判断：如 $F_0 < F_{标}$，则杀菌条件不合理，杀菌强度不够，需要适当延长杀菌时间或适当提高杀菌温度；如 $F_0 \gg F_{标}$，则杀菌条件不合理，杀菌过度，需要适当缩短杀菌时间或适当降低杀菌温度；如 $F_0 \geqslant F_{标}$，则杀菌合理。

四、问题讨论

1. 测定罐头中心温度时要注意哪些问题？
2. 如何根据实际杀菌值，评价采用的杀菌条件的合理性？
3. 杀菌釜内的热分布情况对于测定有何影响？

五、参考文献

［1］赵大云等．罐头杀菌冷点温度和 F 值测定系统的设计．食品科学，2005，(9)：188-122.

［2］邓力等．F 值/C 值计算机实时采集精度分析与控制．江苏大学学报，2006，(2)：95-99.

［3］李琳等．罐头食品热杀菌过程优化研究的发展分析．食品与发酵工业，1997，(3)：59-65.

［4］李鑫，张民，张黎明等．黑蒜饮料杀菌条件的确定及其对理化性质的影响研究．食品安全质量检测学报，2014 (11)：3711-3717.

［5］视频：爱课程/食品技术原理/2-4/媒体素材/罐头无线温度测定仪．

刘锐

第十章　食品感官评价实验

实验 1　差别检验（三点检验法）

一、实验原理和目的

三点检验法是差别检验当中最常用的一种方法，适合于样品间细微差别的鉴定，常被应用于以下几个方面：①确定产品的差异是否来自成分、工艺、包装和贮存期的改变；②确定两种产品之间是否存在整体差异；③筛选和培训检验人员，以锻炼其发现产品差别的能力。三点检验法要求同时提供三个编码的样品，其中两个样品是相同的，要求品评员挑选出其中不同于其他两样品的一个样品。首先进行三次配对比较：A 与 B，B 与 C，A 与 C，然后指出两个样品之间是否为同一种样品。本实验以检验同一口味的两种品牌的薯片之间有无差异为例，学习和掌握差别试验的方法。

二、样品和器具

一次性器皿（手套、托盘等）、番茄口味的乐事薯片、番茄口味的可比克薯片、纯净水、漱口杯。

三、实验步骤

1. 样品组合与编号

"乐事" 薯片用 A 表示，"可比克" 薯片用 B 表示，所以两种样品有以下六种呈样组合：BAA、ABA、AAB、ABB、BAB、BBA。以下组合中每种组合各用 2 次。样品以随机数字编号。

2. 品评

将样品组合随机呈递给多鉴评员，依次品评，如果没有感到差异，也必须要选择一个，并填好以下检验问卷表。

样品：薯片
差异性区分试验试验方法：三点检验法
试验员：　　　　　　　　　　　　　　　　　　试验日期：

请认真品评你面前的三个样品，其中有两个是相同的，请做好记录

相同的两个样品编号：
不同的一个样品的编号：

3. 结果统计与分析

试验结束后，统计有效问卷数及回答正确的评价员个数，通过查阅三点检验法检验表，

判断这两种品牌薯片在 $\alpha=0.05$ 显著水平是否具有显著性差异。比如，35 张有效答案中，有 25 张回答正确，查阅表 $n=35$ 行，17（$\alpha=0.05$）<25，说明，在 $\alpha=0.05$ 显著水平上，两种品牌薯片之间有显著差异。

四、问题讨论

1. 如何最大程度减小评价员之间的误差？
2. 样品制备过程中应注意哪些问题？
3. 差别检验实验结果统计分析应注意的问题？

五、参考文献

[1] 张水华．食品感官分析与实验．北京：化学工业出版社，2009.
[2] 韩北忠，童华荣．食品感官评价．北京：中国林业出版社，2009.
[3] Herbert Stone，Joel L. Sidel. Sensory Evaluation Practices. 3rd Ed. Elsevier Inc.，2008.

孟德梅

实验 2　标度和类别检验（成对比较检验法）

一、实验原理和目的

成对比较检验法是应用最广泛的方法之一，一般用于当样品数 n 很大，一次把全部样品的差别判断出来有困难时。成对比较法要求把数个样品中的任何两个分别组成一组，要求评价员对其中任意一组的两个样品进行鉴评，最后把所有组的结果综合分析，从而得出数个样品的相对结果的评价方法。本实验以检验 3 种生产工艺生产的产品，要求评价员以数字标度形式来评价样品的品质差异为例，学习和掌握标度和类别检验的方法。

二、样品和器具

三种不同工艺生产的样品、一次性器皿（手套、托盘等）、纯净水、漱口杯。

三、实验步骤

1. 样品的编号与组合

将三种不同工艺生产的样品分别用 A、B、C 表示；有 AB、AC、BC、BA、CA、CB 六种呈样方式。

2. 样品特性的等级制定

用 +3～−3 的 7 个数字刻度分别代表非常好、很好、好、无差别、不好、很不好和非常不好 7 个样品特性等级，对试样的各种组合进行评分。

3. 品评

选择评价员（例如 22 名），其中 11 名评价员是按 A-B、A-C、B-C 的顺序进行评判，其余 11 名是按 B-A、C-A、C-B 的顺序进行评判（各对的顺序是随机性的），并填好下表。

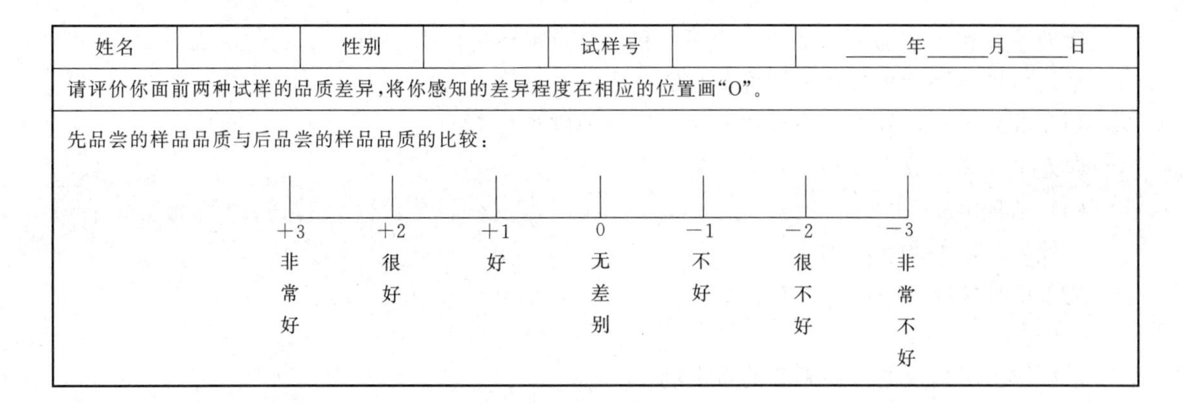

姓名		性别		试样号		______年______月______日
请评价你面前两种试样的品质差异，将你感知的差异程度在相应的位置画“O”。						
先品尝的样品品质与后品尝的样品品质的比较：						

+3	+2	+1	0	−1	−2	−3
非常好	很好	好	无差别	不好	很不好	非常不好

4. 结果统计与分析

(1) 整理实验数据

第一组 11 名评价员的评价结果如下。

试样 \ 评审员	1	2	3	4	5	6	7	8	9	10	11
AB											
AC											
BC											

第二组 11 名评审员评价结果如下。

试样 \ 评审员	1	2	3	4	5	6	7	8	9	10	11
BA											
CA											
CB											

(2) 求总分、嗜好度及平均嗜好度

总分＝各分值与评价员数的乘积之和

AB 平均嗜好度＝*AB* 的嗜好度－*BA* 的嗜好度

按照同样的方法计算其他各行的相应数据。

(3) 求各试样的主效果 α_i

α_A＝*AA* 的平均嗜好度＋*AB* 的平均嗜好度＋*AC* 的平均嗜好度

α_B＝*BA* 的平均嗜好度＋*BB* 的平均嗜好度＋*BC* 的平均嗜好度

α_C＝*CA* 的平均嗜好度＋*CB* 的平均嗜好度＋*CC* 的平均嗜好度

做主效果图如下：

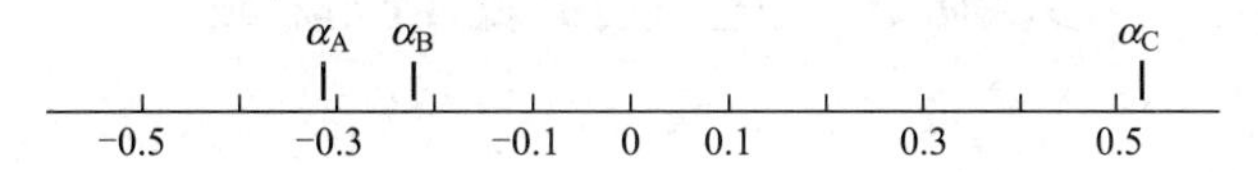

主效果图能直观显示样品间的差异及差异大小。通过方差分析求主效果差进行判别。

(4) 求平方和

总效果产生的平方和＝主效果平方和×试样数×评价员数

平均嗜好度产生的平方和＝*AB*、*BC*、*AC* 平均嗜好度的平方和×评价员数

离差平方和＝平均嗜好度产生的平方和—总效果产生的平方和

平均效果＝平均平方和×评价员数的一半

顺序效果＝平均效果—平均嗜好度产生的平方和

误差平方和＝总平方和—平均效果

（5）求自由度

主效果的自由度＝$n-1$

离差的自由度＝（$n-1$）（$n-2$）

……

依次求出所列出的方差来源的自由度。

（6）作方差分析表

方差来源	平方和	自由度	均方和	F_0	F
主效果 离差					
平均嗜好度 顺序效果					
平均 误差					
合计					

注：F 值结果表明主效果有显著性差异（$\alpha=1\%$），即 A、B、C 之间的好坏明确。

（7）求主效果差（$\alpha_i-\alpha_j$），并进行方差分析，比较三组样品间是否具有显著性差异。

四、问题讨论

1. 标度和类别检验与差别检验有哪些异同？
2. 标度的分类有哪些？
3. 成对比较检验的实验结果统计分析应注意哪些问题？

五、参考文献

[1] 张水华．食品感官分析与实验．北京：化学工业出版社，2009.

[2] 韩北忠，童华荣．食品感官评价．北京：中国林业出版社，2009.

[3] Herbert Stone，Joel L. Sidel. Sensory Evaluation Practices. 3rd Ed. Elsevier Inc.，2008.

孟德梅

实验 3　定量描述性检验

一、实验原理和目的

定量描述性分析（或称定量描述检验，QDA），要求品评员尽量完整地对形成样品感官特征的各个指标，按感觉出现的先后顺序进行品评，使用由简单描述试验所确定的词汇中选择的词汇，描述样品整个感官印象。报告结果是用非线性结构的标度（QDA 图、蜘蛛图或玫瑰图）来描述评估特性强度，利用图的形状变化定量描述样品的品质变化。

下面将以萝卜泡菜为例，介绍一下定量描述性检验的具体流程。

二、样品和器具

三种待检验萝卜泡菜样品、选择另外一种萝卜泡菜作为标准样品、纯净水、餐盘、漱口杯。

三、实验步骤

（1）全体品评员用标准样品做预备品尝，讨论其特性特征和感觉顺序，确定6～10个感觉词汇作为描述该类产品特性特征，供品评样品时选用。

（2）讨论感觉出现的顺序作为品评样品时的参考。然后进行综合印象评估，通常以低、中、高表示。

（3）分组进入感官品评室，分发样品（样品标号为随机的三位数字）进行独立品评。用预备品评时出现的词汇对各个样品进行评估和定量描述，允许根据不同样品的特征特性出现差异时选用新的词汇进行描述和定量。

闻香：手举餐盘，将样品缓慢置于鼻孔下方，用手轻扇，使风味物质的气味进入鼻腔，记录下感受到的各种气味（嗖气味、酸腐味等），然后对每种气味强度进行评分。

品尝：仔细品尝少量样品，慢慢咀嚼，记录下觉察到的各种风味（嗖味道、生萝卜味道）、样品脆性、劲道等以及感受到其出现的先后顺序，然后对每种风味的强度进行评分。

本实验统一使用7点数字标度，由低到高依次表示相应感官特性由弱到强的变化，49位感官分析人员逐项独立品评打分，由试验主持人最后汇总计算简单平均分，以表格或图的形式报告。

强度评分尺度表：

评分	1	2	3	4	5	6	7
强度	很弱	较弱	稍弱	中等	稍强	较强	很强

（3）吞下或吐出样品后，感受其有无余味，余味如何，并记录样品在口中的滞留度如何。

4. 结果统计与分析

（1）整理评价结果

样品：萝卜泡菜（样品1、2、3） **检验日期：________**

特性特征	标度(1～7)		
	样品1	样品2	样品3
酸腐味			
生萝卜气味			
生萝卜味道			
酸味			
嗖气味			
嗖味道			
劲道			
柔嫩			
脆性			

（2）绘制萝卜泡菜的 QDA 图（图 10-1）

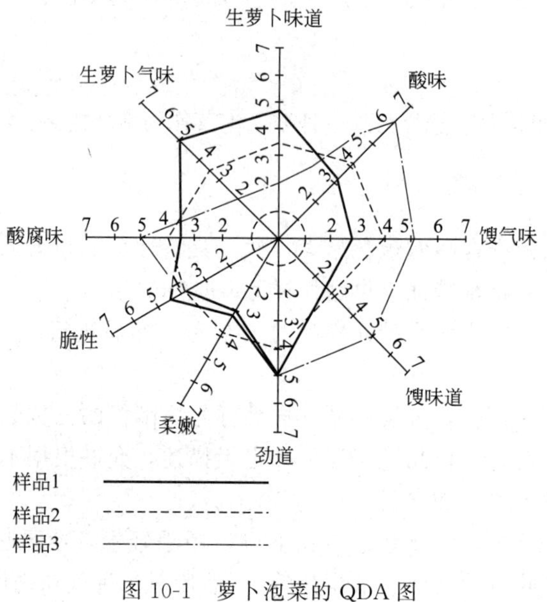

图 10-1 萝卜泡菜的 QDA 图

四、问题讨论

1. 在选择和确定样品特性特征词汇时应注意哪些问题？
2. 什么是余味与滞留度？
3. 定量描述性检验应用的范围。

五、参考文献

［1］张水华．食品感官分析与实验．北京：化学工业出版社，2009.
［2］韩北忠，童华荣．食品感官评价．北京：中国林业出版社，2009.
［3］Herbert Stone，Joel L. Sidel. Sensory Evaluation Practices. 3rd Ed. Elsevier Inc.，2008.

孟德梅

附录　食品科技与教育网络资源

国内重要咨询网站

1. 中国国家图书馆：www. nlc. cn
2. 国家知识产权局：www. sipo. gov. cn
3. 万方数据知识服务平台：www. wanfangdata. com. cn
4. 维普网：www. cqvip. com
5. 食品伙伴网：www. foodmate. net

食品科学与工程国家精品资源共享课程

1. 江南大学：食品工艺学
2. 江南大学：食品化学
3. 华南理工大学：食品加工与保藏原理
4. 华南理工大学：食品生物化学
5. 中国海洋大学：食品保藏原理与技术
6. 中国海洋大学：食品化学
7. 华南农业大学：畜产食品工艺学
8. 华南农业大学：食品营养学
9. 华中农业科技大学：食品工艺学
10. 华中农业大学：食品化学与分析
11. 华中农业科技大学：食品工程原理
12. 哈尔滨医科大学：营养与食品卫生学
13. 上海应用技术学院：食品工艺学
14. 江苏大学：现代食品检测技术
15. 江苏大学：食品加工机械与设备
16. 浙江工商大学：食品感官科学
17. 河南农业大学：食品工艺学
18. 华中农业大学：食品化学与分析
19. 上海交通大学：食品工程原理
20. 西北农林科技大学：葡萄酒工艺学
21. 天津科技大学：食品技术原理

国外食品科技教育网站

1. 美国专利与商标局 United States Patent and Trade Mark Office
2. 美国食品工艺师学会 Institute of Food Technologists（IFT）
3. 食品科学与技术文摘 Food Science Technology Abstract（FSTA）
4. 食品科学（摘要）Journal of Food Science

5. 食品工艺学（PDF 当月免费）Food Technology
6. 食品科学综述（PDF 免费）Comprehensive Review Food Science
7. 食品科学教育（PDF 免费）Journal of Food Science Education
8. 乳品科学（二年前期刊免费）Journal of Dairy Science
9. 食品工程课程网站 Explore Food Engineering

部分国内食品科技视频浏览网站

1. 央视网——农广天地：tv. cctv. com/lm/ngtd
2. 优酷：www. youku. com
3. 百度：www. baidu. com